数控车、铣综合实训
——工学一体化教程

主　编　林桂荣　林　斌　刘运琴
副主编　陈　群　王　瑾　卢国洪
参　编　余德玉　姚伟煌
主　审　张添孝

哈尔滨工程大学出版社
Harbin Engineering University Press

内容简介

本书以日常生活中常见的、学生们普遍比较感兴趣的六种模型及其加工过程与装配为主要内容，以"工学一体"的组织形式及思路展开数控车、铣两个工种的综合实训。本书案例能更直接地将理论联系实际，案例内容由浅入深；通过案例学习使学生易于掌握所学专业知识及应用；能够充分调动学生学习的积极性，教学效果及学生综合能力水平显著提高。前期的试点教学表明，本教程受到学生普遍好评。

本书适合于技工院校数控相关专业学生综合实训、培训使用；也可作为中等职业技能培训用书。

图书在版编目(CIP)数据

数控车、铣综合实训：工学一体化教程/林桂荣，
林斌，刘运琴主编.—哈尔滨：哈尔滨工程大学出版社，
2020.8
ISBN 978 - 7 - 5661 - 2725 - 9

Ⅰ.①数… Ⅱ.①林… ②林… ③刘… Ⅲ.①数控机床 - 车削 - 职业教育 - 教材②数控机床 - 铣床 - 职业教育 - 教材 Ⅳ.①TG519.1②TG547

中国版本图书馆 CIP 数据核字(2020)第 125620 号

选题策划　石　岭
责任编辑　张　昕
封面设计　博鑫设计

出版发行　哈尔滨工程大学出版社
社　　址　哈尔滨市南岗区南通大街 145 号
邮政编码　150001
发行电话　0451 - 82519328
传　　真　0451 - 82519699
经　　销　新华书店
印　　刷　哈尔滨市石桥印务有限公司
开　　本　787 mm × 1 092 mm　1/16
印　　张　15.5
字　　数　407 千字
版　　次　2020 年 8 月第 1 版
印　　次　2020 年 8 月第 1 次印刷
定　　价　39.80 元

http://www.hrbeupress.com
E-mail:heupress@ hrbeu.edu.cn

前　言

一直以来,技工院校机械方向各工种专业技能培训一般都是以单一工种培训为主。纵观我国职业培训,这是一个长期存在的问题,很多兄弟院校基本如此。

单纯就学生的学习方面来看,各个实训工种之间基本上不存在联系;但是,在实际生产应用中,在机械制造过程中,各工种却是相互联系的,很多时候机械设备都经过图纸设计、零件加工、装配组装的过程。而零件加工里面就包含了钳工、车工、铣工等。这种实训方式导致学生只是单独学习零件加工里面的某一个工种,使得学生对这一专业的认识比较片面,学习兴趣不浓厚,因此,不利于学生培养,学生走上社会也很难成为符合用人单位需求的人才,不利于学生向更高层次发展。

目前,社会机械加工实训的成效普遍差强人意,与学校、企业的期望有一定的差距,需要不断完善和改革。针对此种现象,本课题组提出多工种联合实训的教学模式,然后再对各工种所加工的零件进行组装、装配;对制造加工、组装出来的具有一定功能作用的机械构件进行调试;甚至更高层次,应用到生产生活中。工学一体化教学,让学生对所学的技能真真切切地有所体会。

本书由广东省粤东技师学院林桂荣、林斌、刘运琴担任主编,并负责全书的规划、统稿;陈群、王瑾、卢国洪担任副主编;参编的人员有余德玉、姚伟煌。具体编写情况如下:林桂荣编写学习任务一,林斌编写学习任务五,刘运琴编写学习任务四,陈群编写学习任务二,王瑾、卢国洪编写学习任务六,余德玉、姚伟煌编写学习任务三。本书由广东省粤东技师学院张添孝老师担任主审,并对教材的编写提出了许多宝贵的建议。

本书是编者团队多年工作经验的总结,不妥和错误之处在所难免,敬请读者批评指正。

编　者

2020 年 5 月

目 录

学习任务一　小坦克模型的制作

职业能力目标

1. 能准确分析小坦克模型零件图纸,制定工艺卡,并填写加工进度。

2. 能结合生产车间设备实际情况,查阅工具书等资料,正确、规范制定加工步骤,具备一定分析加工工艺的能力。

3. 能分析对应物资需要,向车间仓管人员领取必要的材料和量具、刃具、夹具。

4. 能严格遵守设备操作规程完成小坦克模型的加工,并能独立对已加工零件进行尺寸等方面的检测,如有检测误差能提出改进意见。

5. 能严格遵守车间6S管理制度,进行安全文明生产;合理保养、维护量具、刃具、夹具及设备;能规范地填写设备使用记录表。

6. 配件加工完成后,能按要求对零件进行组装,并检测整体零件误差,分析整体误差产生的原因,提出改进意见。

职业核心能力目标

1. 能根据装配信息,对零件加工实际情况进行总结反思;

2. 具备良好的团队合作意识及沟通能力。

建议学时

52学时。

工作情景描述(体现工学一体)

某机械厂承接了小坦克模型(图1-1-0)的加工任务,对方提供了零件图纸和毛坯,要求该厂生产车间10天内交付4套合格产品。

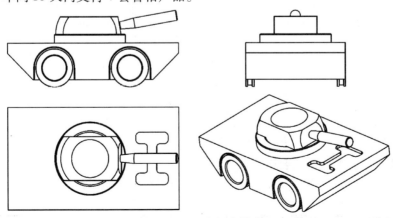

图1-1-0　小坦克模型

假设你作为该项目的技术负责人,请你带领小组在规定的时间内完成工作任务。

工学流程与活动

1. 小坦克模型加工任务分析(获取资讯(8 学时))
2. 小坦克模型加工工序编制(计划、决策(10 学时))
3. 小坦克模型加工(实施(28 学时))
4. 小坦克模型装配及误差分析(检查(4 学时))
5. 工作总结与评价(评价(2 学时))

工学活动一　小坦克模型加工任务分析

学习目标

1. 认识小坦克模型的加工材料;
2. 学习小坦克模型加工的生产纲领;
3. 掌握小坦克模型的加工工序。

建议学时

8 学时。

学习过程

领取小坦克模型的生产任务单、零件图样和工艺卡,确定本次任务的加工内容。

一、阅读生产任务单

小坦克模型生产任务单如表 1-1-1 所示。

表 1-1-1　生产任务单

需方单位(客户)名称				交货期时间		订金交付后 10 天	
序号	产品名称	材料	数量(单位:套)	技术标准、质量要求		备注	
1	小坦克模型	硬铝(4A01)	4	按所附图纸技术要求加工			
2							
3							
接单时间	年　月　日		接单人		QC(质检员)		
交付订金时间	年　月　日		经手人				
通知任务时间	年　月　日		发单人		生产班组		数控机械加工组

(1)叙述小坦克模型的主要用途。

（2）叙述坦克的工作原理。

二、分析零件图样

1. 分析小坦克模型零件 1——小坦克模型主体图样（如图 1－1－1 所示，图中长度单位均为 mm，全书同。）

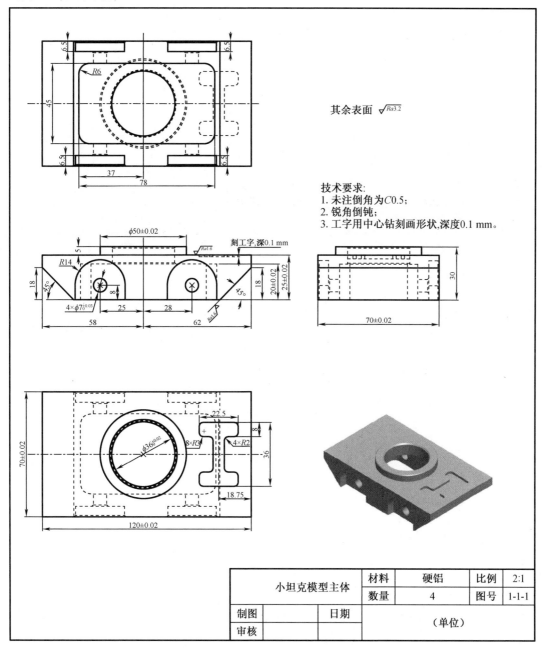

其余表面 $\sqrt{Ra3.2}$

技术要求:
1. 未注倒角为 C0.5;
2. 锐角倒钝;
3. 工字用中心钻刻画形状，深度 0.1 mm。

刻工字，深 0.1 mm

小坦克模型主体		材料	硬铝	比例	2:1
		数量	4	图号	1-1-1
制图		日期			
审核			（单位）		

图 1－1－1　小坦克模型主体图样

（1）叙述小坦克模型主体的结构组成及各部分的作用。

（2）叙述 $\phi 36_0^{+0.02}$ mm 内孔的位置尺寸及其用途。

（3）叙述 $4 \times \phi 7_0^{+0.03}$ mm 通孔的位置尺寸及其用途。

（4）叙述 78 mm × 45 mm 矩形的位置尺寸和用途。

（5）硬铝是什么材料？列出其化学成分。

2. 分析零件 2——小坦克模型炮座图样（图 1 – 1 – 2）

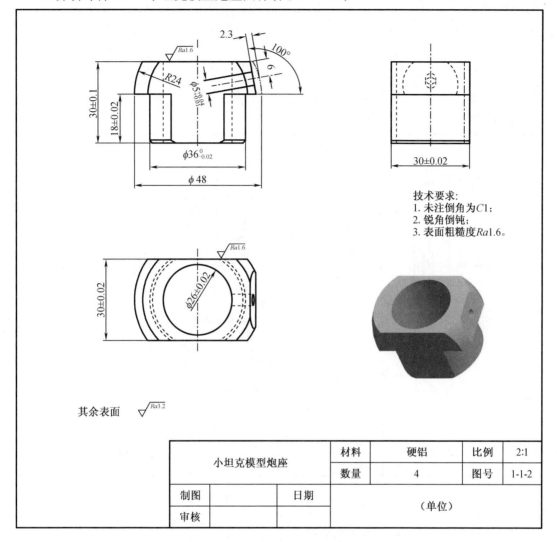

技术要求:
1. 未注倒角为 $C1$;
2. 锐角倒钝;
3. 表面粗糙度 $Ra1.6$。

其余表面　$\sqrt{Ra3.2}$

小坦克模型炮座		材料	硬铝	比例	2:1
		数量	4	图号	1-1-2
制图		日期		（单位）	
审核					

图 1 – 1 – 2　小坦克模型炮座图样

（1）叙述炮座的结构组成及各部分的作用。

（2）叙述 $\phi 5^{+0.04}_{+0.01}$ mm 内孔的位置尺寸及其用途。

（3）叙述 $\phi 36_{-0.02}^{0}$ mm 外圆的位置尺寸及其用途。

3. 分析零件 3——轮子图样（图 1 – 1 – 3）

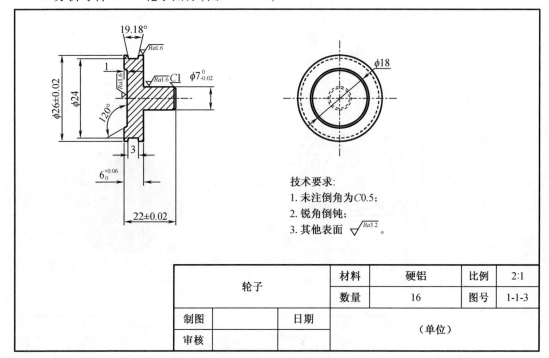

技术要求：
1. 未注倒角为C0.5；
2. 锐角倒钝；
3. 其他表面 $\sqrt{Ra3.2}$。

轮子		材料	硬铝	比例	2:1
		数量	16	图号	1-1-3
制图		日期		（单位）	
审核					

图 1 – 1 – 3　轮子图样

（1）叙述轮子的结构组成及各部分的作用。

（2）叙述 $\phi 7_{-0.02}^{0}$ mm 外圆的位置尺寸及其用途。

4.分析零件4——炮筒图样(图1 - 1 - 4)

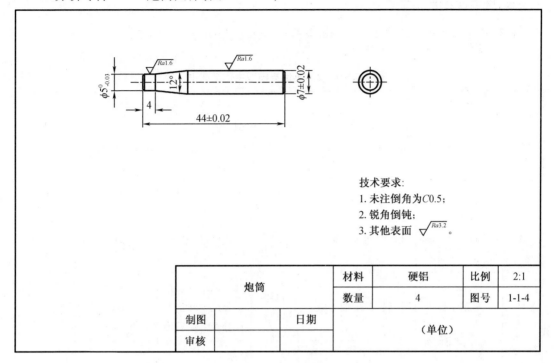

技术要求:
1. 未注倒角为C0.5;
2. 锐角倒钝;
3. 其他表面 $\sqrt{Ra3.2}$。

炮筒		材料	硬铝	比例	2:1
		数量	4	图号	1-1-4
制图		日期		（单位）	
审核					

图1 - 1 - 4　炮筒图样

(1)叙述炮筒的结构组成及尺寸特点。

(2)叙述 $\phi 5^{0}_{-0.03}$ mm 位置尺寸和用途。

三、阅读工艺卡

1. 识读小坦克模型零件1——小坦克模型主体工艺卡(表1－1－2)

表1－1－2　小坦克模型主体工艺卡

单位名称		产品名称		小坦克模型			图号		1－1－1
		零件名称		小坦克模型主体	数量		4		第1页
材料种类	硬铝	材料牌号	4A01	毛坯尺寸		125 mm×80 mm×30 mm			共1页
工序号	工序内容	车间	设备	工具			计划工时 /min		实际工时 /mim
				夹具	量具	刀具			
01	下料 125 mm×80 mm ×30 mm	准备车间	锯床	机用平口钳	钢直尺	锯条	20		
02	铣削主体	铣	加工中心	机用平口钳	游标卡尺 千分尺 百分表	铣刀 麻花钻 铰刀等	180		
03	检验	检验室			游标卡尺 千分尺 半径样板		20		
更改号			拟定		校正		审核		批准
更改者									
日期									

(1)结合工艺卡及自身认识,分析此零件适合采用什么设备加工,并列出加工所需的刀具。

(2)根据加工要求,说明加工过程中使用了什么辅助夹具,为什么?

(3)根据图样与工艺分析,在表1－1－3中列出加工炮座所使用的刀具、夹具及量具的名称、型号规格和用途。

表 1 – 1 – 3　加工小坦克模型主体的刃具、夹具及量具

类别	名称	型号规格	用途
刃具			
夹具			
量具			

2. 识读小坦克模型零件 2——炮座工艺卡(表 1 – 1 – 4)

表 1 – 1 – 4　炮座工艺卡

单位名称		产品名称		小坦克模型		图号		1 – 1 – 2
		零件名称		炮座	数量	4		第1页
材料种类	硬铝	材料牌号	4A01	毛坯尺寸		$\phi50$ mm ×100 mm		共1页
工序号	工序内容	车间	设备	工具			计划工时/min	实际工时/min
				夹具	量具	刃具		
01	下料 $\phi50$ mm × 100 mm	准备车间	锯床	机用平口钳	钢直尺	锯条	20	
02	车削炮座	车	数控车床	三爪自定心卡盘	游标卡尺 千分尺 百分表	外圆车刀	30	
03	铣削炮座	铣	加工中心	机用平口钳	游标卡尺 千分尺 百分表	铣刀	20	
04	检验	检验室			游标卡尺 千分尺 半径样板		20	
更改号			拟定		校正	审核		批准
更改者								
日期								

(1)结合工艺卡及自身认识,分析此零件适合采用什么设备加工,并列出加工所需的刀具。假设材料尺寸是 50 mm × 50 mm × 30 mm,此时适合采用什么设备加工?

(2)根据加工要求,说明加工过程中使用了什么辅助夹具,为什么?

(3)根据图样与工艺分析,在表 1 – 1 – 5 中列出加工炮座所使用的刀具、夹具及量具的名称、型号规格和用途。

表 1 – 1 – 5　加工炮座的刀具、夹具及量具

类别	名称	型号规格	用途
刀具			
夹具			
量具			

3.识读小坦克模型零件3——轮子工艺卡(表1-1-6)

表1-1-6　轮子工艺卡

单位名称		产品名称		小坦克模型		图号	1-1-3
		零件名称		轮子	数量	16	第1页
材料种类	硬铝	材料牌号	4A01	毛坯尺寸	ϕ30 mm×440 mm		共1页
工序号	工序内容	车间	设备	工具			计划工时/min	实际工时/min
				夹具	量具	刃具		
01	下料 ϕ30 mm×440 mm	准备车间	锯床	机用平口钳	钢直尺	锯条	20	
02	车削轮子	车	数控车床	三爪自定心卡盘	游标卡尺千分尺百分表	外圆车刀铰刀	20	
03	检验	检验室			游标卡尺千分尺半径样板		20	
更改号			拟定		校正	审核		批准
更改者								
日期								

(1)结合工艺卡及自身认识,分析此零件适合采用什么设备加工,并列出加工所需的刃具。

(2)根据加工要求,说明加工过程中使用了什么辅助夹具,为什么?

(3)根据图样与工艺分析,在表1-1-7中列出加工轮子所使用的刃具、夹具及量具的名称、型号规格和用途。

表1-1-7　加工轮子的刀具、夹具及量具

类别	名称	型号规格	用途
刀具			
夹具			
量具			

4. 识读小坦克模型零件4——炮筒工艺卡（表1-1-8）

表1-1-8　炮筒工艺卡

单位名称		产品名称		小坦克模型		图号		1-1-4
		零件名称		炮筒	数量	4		第1页
材料种类	硬铝	材料牌号	4A01	毛坯尺寸		$\phi10$ mm×45 mm		共1页
工序号	工序内容	车间	设备	工具			计划工时/min	实际工时/min
				夹具	量具	刃具		
01	下料 $\phi10$ mm×45 mm	准备车间	锯床	机用平口钳	钢直尺	锯条	20	
02	车削炮筒	车	数控车	三爪自定心卡盘	游标卡尺 千分尺 百分表	车刀	20	
03	检验	检验室			游标卡尺 千分尺 半径样板		20	
更改号			拟定		校正		审核	批准
更改者								
日期								

（1）结合工艺卡及自身认识，分析此零件适合采用什么设备加工，并列出加工所需的刃具。

（2）根据加工要求，说明加工过程中使用了什么辅助夹具，为什么？

（3）根据图样与工艺分析，在表1-1-9中列出加工炮筒所使用的刃具、夹具及量具的名称、型号规格和用途。

表1-1-9　加工炮筒的刃具、夹具及量具

类别	名称	型号规格	用途
刃具			
夹具			
量具			

四、制定工作进度计划

本生产任务工期为 10 天,依据任务要求,制定合理的工作进度计划,并根据小组成员的特点进行分工。工作进度安排及分工表如表 1 – 1 – 10 所示。

表 1 – 1 – 10　工作进度安排及分工表

序号	工作内容	时间	成员	负责人

工学活动二　小坦克模型加工工序编制

学习目标

1. 能分析零件图纸,确定小坦克模型零件在数控铣床或者在数控车床上的加工步骤;

2. 能依据加工步骤,结合车间设备实际查阅切削手册,正确规范制定零件的铣削或车削加工工序卡。

建议学时

10 学时。

学习过程

一、制定零件1——小坦克模型主体铣削加工工序卡

（1）在表1－2－1中,结合小坦克模型主体铣削加工步骤和图例填写操作步骤。

表1－2－1　主体铣削加工步骤

序号	操作步骤	加工内容	主要夹、量、刃具
1			
2			
3			
4			
5			

（2）根据小坦克模型主体工艺卡工序和加工步骤,制定小坦克模型主体零件铣削加工工序卡（表1－2－2）,并把小坦克模型主体完成图样绘制到工序卡片的空白处。（注:数控加工时,填上 G 代码程序）

表1－2－2　小坦克模型主体铣削加工工序卡

小坦克模型主体工序卡	产品型号		零件图号	1－1－1	共1页	第1页
	产品名称	小坦克模型	零件名称	小坦克模型主体		
	车间	工序号		工序名称	材料牌号	
	毛坯种类	毛坯外形尺寸		每毛坯可制件数	每台件数	
	设备名称	设备型号		设备编号	同时加工件数	
	夹具编号			夹具名称	切削液	
	工位器具编号	工位器具名称		工序工时/min		
				准终	单件	

表 1 − 2 − 2(续)

工步号	工步内容	工艺装备	主轴转速 /(r·min⁻¹)	切削速度 /(m·min⁻¹)	进给量 /(mm·r⁻¹)	切削深度 /mm	进给次数	工步工时/s	
								机动	辅助
	设计(日期)		校对(日期)		审核(日期)		标准化(日期)		会签(日期)

(3)填写加工程序数控 G 代码(表 1 − 2 − 3)。

表 1 − 2 − 3　加工程序数控 G 代码

程序号	程序说明
00001	

二、制定零件 2——小坦克模型炮座车削、铣削加工工序卡

(1)在表 1 – 2 – 4 中,结合炮座车削、铣削加工步骤和图例填写操作内容。

表 1 – 2 – 4　炮座车削、铣削加工步骤

序号	操作步骤	加工内容	主要夹、量、刃具
1			
2			
3			

(2)根据炮座工艺卡工序和加工步骤,制定炮座铣削或车削的加工工序卡(表 1 – 2 – 5),并把炮座完成图样绘制到工序卡的空白处。(注:数控加工时,填上 G 代码程序)

表 1 – 2 – 5　炮座铣削或车削加工工序卡

炮座工序卡	产品型号		零件图号	1 – 1 – 2	共 1 页	第 1 页
	产品名称	小坦克模型	零件名称	炮座		
	车间	工序号	工序名称		材料牌号	
	毛坯种类	毛坯外形尺寸	每毛坯可制件数		每台件数	
	设备名称	设备型号	设备编号		同时加工件数	
	夹具编号		夹具名称		切削液	
	工位器具编号	工位器具名称	工序工时/min			
			准终		单件	

表 1 - 2 - 5（续）

工步号	工步内容	工艺装备	主轴转速 /(r·min^{-1})	切削速度 /(m·min^{-1})	进给量 /(mm·r^{-1})	切削深度 /mm	进给次数	工步工时/s 机动	工步工时/s 辅助

	设计（日期）	校对（日期）		审核（日期）		标准化（日期）		会签（日期）	

（3）填写加工程序数控 G 代码（表 1 - 2 - 6）。

表 1 - 2 - 6　加工程序数控 G 代码

程序号	程序说明
00001	

三、制定零件3——小坦克模型轮子车削加工工序卡

（1）在表1-2-7中，结合轮子车削加工步骤和图例填写操作内容。

表1-2-7　轮子车削加工步骤

序号	操作步骤	加工内容	主要夹、量、刃具
1			
2			
3			

（2）根据轮子工艺卡工序和加工步骤，制定轮子车削加工工序卡（表1-2-8），并把轮子完成图样绘制到工序卡的空白处。（注：数控加工时，填上G代码程序）

表1-2-8　轮子加工工序卡

轮子工序卡	产品型号		零件图号	1-1-3	共1页	第1页
	产品名称	小坦克模型	零件名称	轮子		
	车间		工序号		工序名称	材料牌号
	毛坯种类		毛坯外形尺寸		每毛坯可制件数	每台件数
	设备名称		设备型号		设备编号	同时加工件数
	夹具编号			夹具名称		切削液
	工位器具编号		工位器具名称		工序工时/min	
					准终	单件

表 1 - 2 - 8（续）

工步号	工步内容	工艺装备	主轴转速 /(r·min⁻¹)	切削速度 /(m·min⁻¹)	进给量 /(mm·r⁻¹)	切削深度 /mm	进给次数	工步工时/s	
								机动	辅助
	设计（日期）		校对（日期）		审核（日期）		标准化（日期）		会签（日期）

（3）填写加工程序数控 G 代码（表 1 - 2 - 9）。

表 1 - 2 - 9　加工程序数控 G 代码

程序号	程序说明
00001	

四、制定零件4——小坦克模型炮筒车削加工工序卡

（1）在表1-2-10中,结合炮筒车削加工步骤和图例填写操作内容。

表1-2-10 炮筒车削加工步骤

序号	操作步骤	加工内容	主要夹、量、刃具
1			
2			
3			

（2）根据炮筒车削工艺卡工序和加工步骤,制定炮筒车削加工工序卡（表1-2-11）,并把炮筒完成图样绘制到工序卡的空白处。（注:数控加工时,填上G代码程序）

表1-2-11 炮筒加工工序卡

炮座工序卡	产品型号		零件图号	1-1-4	共1页	第1页
	产品名称	小坦克模型	零件名称	炮筒		
	车间	工序号		工序名称	材料牌号	
	毛坯种类	毛坯外形尺寸		每毛坯可制件数	每台件数	
	设备名称	设备型号		设备编号	同时加工件数	
	夹具编号			夹具名称	切削液	
	工位器具编号	工位器具名称		工序工时/min		
				准终	单件	

表 1 - 2 - 11(续)

工步号	工步内容	工艺装备	主轴转速 /(r · min⁻¹)	切削速度 /(m · min⁻¹)	进给量 (mm · r⁻¹)	切削深度 /mm	进给次数	工步工时/s	
								机动	辅助
	设计(日期)		校对(日期)		审核(日期)		标准化(日期)		会签(日期)

(3)填写加工程序数控 G 代码(表 1 - 2 - 12)。

表 1 - 2 - 12　加工程序数控 G 代码

程序号	程序说明
00001	

工学活动三 小坦克模型加工

学习目标

1. 能按照零件图纸要求正确领取材料；

2. 能依据加工需要正确领取量具、刃具、夹具等；

3. 能严格遵守各机械设备的安全使用规范并遵守车间 6S 管理要求；

4. 掌握在砂轮房刃磨所需要刃具技巧；

5. 加工中能爱护所使用的各种设备,量具、刃具、夹具等;正确处置废油液等废弃物;规范地交接班和保养机床设备。

建议学时

28 学时。

准备过程

一、填写领料单(表 1-3-1)并领取材料

表 1-3-1 领料单

领料部门		产品名称及数量		
领料单号		零件名称及数量		
材料名称	材料规格及型号	单位	数量		单价	总价
			请领	实发		
材料用途说明	材料仓库	主管	发料数量	领料部门	主管	领料数量

二、汇总量具、刃具、夹具清单(表 1-3-2)并领取量具、刃具、夹具

表 1-3-2 量具、刃具、夹具清单

序号	名称	型号规格	数量	需领用数量
1				
2				
3				
4				
5				
6				
7				

表 1 - 3 - 2(续)

序号	名称	型号规格	数量	需领用数量
8				
9				
10				
11				
12				
13				
14				

三、刃磨刃具

能根据小坦克模型轮子及炮筒零件加工需要,合理刃磨各种车刀(外圆、内孔、螺纹、切断等),绘出车刀的几何形状及角度,并叙述内孔车刀与外圆车刀的差异。

四、完成小坦克模型零件加工和质量检测

1. 零件1——小坦克模型主体

(1)按照加工工序卡和表 1 - 3 - 3 中操作加工过程的提示,在实训车间完成小坦克模型主体的铣削加工。

表 1 - 3 - 3　小坦克模型主体铣削操作过程

操作步骤	操作要点
①加工前准备工作	a. 按操作规程,加工零件前检查各电气设备的手柄、传动部件、防护、限位装置是否齐全、可靠、灵活,然后完成机床润滑、预热等准备工作。 b. 根据车间要求,合理放置毛坯料、刃具、量具、图样、工序卡等
②铣削加工	a. 合理安装刃具。 b. 合理装夹毛坯料。 c. 根据小坦克模型主体铣削加工工序卡,规范操作铣床铣削小坦克模型主体达到图样的要求,及时合理地做好在线加工检测工作。 d. 根据检测表,合理检测铣削完成的小坦克模型主体
③加工后整理工作	加工完毕后,正确放置零件,并进行产品交接确认,按照国家相关环保规定和车间6S 管理要求整理现场,正确放置废水、废液等废弃物;按车间规定填写交接班记录

（2）记录加工过程中出现的问题，并写出改进措施。

（3）对加工完成的零件进行质量检测，并将检测结果填入表1-3-4。

表1-3-4 工件质量评价

序号	检测项目	检测内容		配分	检测要求	学生自评		组间互评		教师评价	
						自测	得分	检测	得分	检测	得分
1	外形/mm	$\phi50$	±0.02	6	超差0.01扣1分						
			Ra3.2	3	降一级扣2分						
2		$\phi7$	+0.030	6	4处，超差0.01扣1分						
			Ra3.2	3	降一级扣2分						
3		$\phi36$	+0.020	6	超差0.01扣1分						
			Ra1.6	3	降一级扣2分						
4	长度/mm	70	±0.02	7	超差0.01扣1分						
5		120	±0.02	7	超差0.01扣1分						
6		25	±0.02	7	超差0.01扣1分						
7		20	±0.02	6	超差0.01扣1分						
8		6.5	±0.02	8	超差0.03扣1分						
9	圆弧	$R14$	±0.2	4	4处，超差0.01扣1分						
			透光检查	2	降一级扣2分						
10		$R3$及$R2$	透光检查	12	共12处，超差0.01扣1分						
			透光检查	4	降一级扣2分						
11	倒角	$C18$、$C1$、$C0.5$等	表面及形状质量	7	不合格不得分						
12	现场操作规范	遵守设备操作规程		3	违反操作规程按程度扣分						
		正确使用工量具		3	工量具使用错误，每项扣2分						
		合理保养设备		3	违反维护保养规程，每项扣2分						
合计（总分）				100	机床编号				总得分		
开始时间					结束时间				加工时间		

2.零件2——小坦克模型炮座

（1）按照加工工序卡和表1－3－5中操作加工过程的提示，在实训车间完成炮座的车削和铣削加工。

表1－3－5　炮座车削、铣削操作过程

操作步骤	操作要点
①加工前准备工作	a.按操作规程，加工零件前检查各电气设备的手柄、传动部件、防护、限位装置是否齐全可靠、灵活，然后完成机床润滑、预热等准备工作。 b.根据车间要求，合理放置毛坯料、刀具、量具、图样、工序卡等
②车削加工	a.合理安装刀具。 b.合理装夹毛坯料。 c.根据炮座车削加工工序卡，规范操作车床车削炮座达到图样的要求，及时合理地做好在线加工检测工作。 d.根据检测表，合理检测车削完成的炮座
③铣削加工	a.合理安装刀具。 b.合理装夹毛坯料。 c.根据炮座铣削加工工序卡，规范操作铣床铣削炮座达到图样的要求，及时合理地做好在线加工检测工作。 d.根据检测表，合理检测铣削完成的炮座
④加工后整理工作	加工完毕后，正确放置零件，并进行产品交接确认，按照国家相关环保规定和车间6S管理要求，整理现场，正确放置废水、废液等废弃物；按车间规定填写交接班记录

（2）记录加工过程中出现的问题，并写出改进措施。

（3）对加工完成的零件进行质量检测，并将检测结果填入表1－3－6中。

表1－3－6　质量检测表

序号	检测项目	检测内容		配分	检测要求	学生自评		组间互评		教师评价	
						自测	得分	检测	得分	检测	得分
1		$\phi26$	±0.02	12	超差0.01扣1分						
			$Ra3.2$	4	降一级扣2分						
2	外形/mm	$\phi36$	$\begin{array}{c}0\\-0.02\end{array}$	12	4处，超差0.01扣1分						
			$Ra1.6$	4	降一级扣2分						
3		$\phi5$	$\begin{array}{c}+0.04\\+0.01\end{array}$	10	超差0.01扣1分						
			$Ra1.6$	4	降一级扣2分						

表 1 - 3 - 6(续)

序号	检测项目	检测内容		配分	检测要求	学生自评		组间互评		教师评价	
						自测	得分	检测	得分	检测	得分
4	长度/mm	30	±0.02	10	超差0.01扣1分						
5		18	±0.02	7	超差0.01扣1分						
6		30	±0.1	8	超差0.03扣1分						
7	圆弧	R24	透光检查	7	超差0.01扣1分						
			Ra3.2	4	降一级扣2分						
8	倒角	C18、C1、C0.5等	表面及形状质量	9	不合格不得分						
9	现场操作规范	遵守设备操作规程		3	违反操作规程按程度扣分						
		正确使用工量具		3	工量具使用错误,每项扣2分						
		合理保养设备		3	违反维护保养规程,每项扣2分						
	合计(总分)			100	机床编号				总得分		
	开始时间				结束时间				加工时间		

3. 零件3——小坦克模型轮子

(1)按照加工工序卡和表 1 - 3 - 7 中操作加工过程的提示,在实训车间完成轮子的车削加工。

表 1 - 3 - 7 轮子车削操作过程

操作步骤	操作要点
①加工前准备工作	a.按操作规程,加工零件前检查各电气设备的手柄、传动部件、防护、限位装置是否齐全、可靠、灵活,然后完成机床润滑、预热等准备工作。 b.根据车间要求,合理放置毛坯料、刀具、量具、图样、工序卡等
②车削加工	a.合理安装刀具。 b.合理装夹毛坯料。 c.根据轮子车削加工工序卡,规范操作车床车削轮子达到图样的要求,及时合理地做好在线加工检测工作。 d.根据检测表,合理检测车削完成的轮子
③加工后整理工作	加工完毕后,正确放置零件,并进行产品交接确认,按照国家相关环保规定和车间6S管理要求,整理现场,正确放置废水、废液等废弃物;按车间规定填写交接班记录

（2）记录加工过程中出现的问题，并写出改进措施。

（3）对加工完成的零件进行质量检测，并把检测结果填入表1-3-8中。

表1-3-8　质量检测表

序号	检测项目	检测内容		配分	检测要求	学生自评		组间互评		教师评价	
						自测	得分	检测	得分	检测	得分
1	外形/mm	$\phi26$	±0.02	16	超差0.01扣1分						
			Ra1.6	8	降一级扣2分						
2		$\phi7$	0 −0.02	16	4处，超差0.01扣1分						
			Ra1.6	8	降一级扣2分						
3		$\phi24$	自由公差	8	超差0.1扣1分						
			Ra3.2	8	降一级扣2分						
4	长度/mm	22	±0.02	11	超差0.01扣1分						
5		6	+0.06 0	11	超差0.01扣1分						
6		3	自由公差	5	超差0.1扣1分						
7	现场操作规范	遵守设备操作规程		3	违反操作规程按程度扣分						
		正确使用工量具		3	工量具使用错误，每项扣2分						
		合理保养设备		3	违反维护保养规程，每项扣2分						
合计（总分）				100	机床编号			总得分			
开始时间					结束时间			加工时间			

4. 小坦克模型零件4——炮筒

（1）按照加工工序卡和表1-3-9中操作加工过程的提示，在实训车间完成炮筒车削加工。

表1-3-9　炮筒车削操作过程

操作步骤	操作要点
①加工前准备工作	a. 按操作规程，加工零件前检查各电气设备的手柄、传动部件、防护、限位装置是否齐全可靠、灵活，然后完成机床润滑、预热等准备工作。 b. 根据车间要求，合理放置毛坯料、刃具、量具、图样、工序卡等。

表 1 - 3 - 9（续）

操作步骤	操作要点
②车削加工	a. 合理安装刃具。 b. 合理装夹毛坯料。 c. 根据炮筒车削加工工序卡，规范操作车床车削炮筒达到图样的要求，及时合理地做好在线加工检测工作。 d. 根据检测表，合理检测车削完成的炮筒
③加工后整理工作	加工完毕后，正确放置零件，并进行产品交接确认，按照国家相关环保规定和车间 6S 管理要求，整理现场，正确放置废水、废液等废弃物；按车间规定填写交接班记录

（2）记录加工过程中出现的问题，并写出改进措施。

（3）对加工完成的零件进行质量检测，并把检测结果填入表 1 - 3 - 10 中。

表 1 - 3 - 10　质量检测表

序号	检测项目	检测内容		配分	检测要求	学生自评		组间互评		教师评价	
						自测	得分	检测	得分	检测	得分
1	外形/mm	$\phi 5$	$\begin{array}{c}0\\-0.03\end{array}$	17	超差 0.01 扣 1 分						
			$Ra1.6$	10	降一级扣 2 分						
2		$\phi 7$	± 0.02	17	4 处，超差 0.01 扣 1 分						
			$Ra1.6$	10	降一级扣 2 分						
3		12°	± 0.1	10	超差 0.1° 扣 1 分						
			$Ra1.6$	10	降一级扣 2 分						
4	长度/mm	44	± 0.02	12	超差 0.01 扣 1 分						
5	倒角	C0.5	表面及形状质量	5	不合格不得分						
6	现场操作规范	遵守设备操作规程		3	违反操作规程按程度扣分						
		正确使用工量具		3	工量具使用错误，每项扣 2 分						
		合理保养设备		3	违反维护保养规程，每项扣 2 分						
合计（总分）				100	机床编号			总得分			
开始时间					结束时间			加工时间			

五、设备使用记录表及日常保养记录表

填写设备使用记录表(表1-3-11),日常保养记录表(表1-3-12)。

表1-3-11　设备使用记录表

仪器名称			型号	
生产厂家			管理人	
使用日期	时间	设备状态	使用人	备注
				(根据需要增加)

表1-3-12　设备日常维护与保养记录表

年　　　月　　　部门:　　　　机器名称:

周数	项目	日期					保养人	每月情况	备注
		1	2	3	4	5			
一	电源								
	清洁								
	防锈润滑								
二	电源								
	清洁								
	防锈润滑								

表 1 – 3 – 12（续）

周数	项目	日期					保养人	每月情况	备注
		1	2	3	4	5			
三	电源								
	清洁								
	防锈润滑								
四	电源								
	清洁								
	防锈润滑								
五	电源								
	清洁								
	防锈润滑								

注："×"表示不合格，"⊗"表示合格，"○"表示维修合格。

工学活动四　小坦克模型装配及误差分析

学习目标

1. 能正确规范地组装小坦克模型；
2. 能正确规范地检测小坦克模型机构（部件）的整体质量；
3. 能根据小坦克模型质量检测结果，分析误差产生的原因，并提出改进措施。

建议学时

4 学时。

学习过程

一、检测小坦克模型的质量

（1）按照表 1 – 4 – 1 的内容检测小坦克模型的质量。

表 1 – 4 – 1　小坦克模型质量检测表

序号	检测内容	检测方法	检测结果	结　　论
1	表面质量			
2	工件整洁			
3	配合精度			
4	形状精度			
5	尺寸精度			

注：小坦克模型为艺术品，购买者注重表面质量、工件整洁、配合精度等；尺寸精度为专业技术要求。

（2）分析加工质量有哪些不足。

二、误差分析

根据检测结果进行误差分析，将分析结果填入表 1 - 4 - 2 中。

表 1 - 4 - 2　误差分析表

测量内容		零件名称	
测量工具与仪器		测量人员	
班级		日期	
测量目的			
测量步骤			
测量要领			

三、结论

将结论填入表 1 – 4 – 3 中。

表 1 – 4 – 3　检测结论分析表

质量问题	产生原因	改进措施
外形尺寸误差		
形位误差		
表面粗糙度误差		
其他误差		

工学活动五　工作总结与评价

学习目标

1. 能按分组的情况，分别派代表展示工作成果，说明本次任务完成的情况，并做分析总结；

2. 能结合自身任务的完成情况，正确、规范地撰写工作总结（心得体会）；

3. 能就本次任务中出现的问题提出改进措施；

4. 能对学习与工作进行总结，并能与他人开展良好的合作和有效的沟通。

建议学时

2 学时。

学习过程

一、展示与评价

将制作好的小坦克模型先进行分组展示,再由小组推荐的代表进行必要的介绍,在此过程中,以组为单位进行评价;评价完成后,根据其他组成员对本组展示成果的情况进行归纳总结。

完成如下项目(在括号内打"√")。

(1)展示的小坦克模型符合标准吗?

合格( ) 不良( ) 返修( ) 废品( )

(2)与其他组对比,本小组的小坦克模型加工工艺如何?

工艺优化( ) 工艺合理( ) 工艺一般( )

(3)本小组介绍成果表达是否清晰?

很好( ) 一般,需要补充( ) 不清晰( )

(4)本小组演示小坦克模型检测方法操作正确吗?

正确( ) 部分正确( ) 不正确( )

(5)本小组演示操作时遵循了6S管理的要求吗?

符合工作要求( ) 忽略了部分要求( ) 完全没有遵循( )

(6)本小组成员的团队创新精神如何?

良好( ) 一般( ) 不足( )

二、自评总结(心得体会)

三、教师评价

(1)找出各组的优点点评。

(2)对任务完成过程中各组的缺点进行点评,提出改进方法。

(3)对整个任务完成过程中出现的亮点和不足进行点评。

该课程的评价考核改变单一的总结性评价的方法,采用教学过程考核与工作质量考核相结合的方法。其中,教学过程考核和工作质量考核两部分的比例为6∶4。灵活多变的考核方式可以全面考核学生的学习效果。课程考核方式见表1-5-1及各个零件测评的"质量检测表"。

表 1 – 5 – 1　工学任务评价表（小组）

班组_____　　组别_____

项目	自我评价			小组评价			教师评价		
	8～10	5～7	1～4	8～10	5～7	1～4	8～10	5～7	1～4
	占总评分 10%			占总评分 30%			占总评分 60%		
工学活动一									
工学活动二									
工学活动三									
工学活动四									
工学活动五									
协作精神									
纪律观念									
表达能力									
工作态度									
拓展能力									
总评									

注:学生个人总评分 = 小组总评分×60% + 质量检测表平均分×40%。

学习任务二 火箭模型的制作

职业能力目标

1. 能独立阅读生产任务单，正确分析火箭模型零件图样，正确识读相关工艺卡，制定合理的工作进度计划。

2. 能根据零件图形，结合车间设备情况，查阅相关资料，确定加工步骤，正确规范制定加工工艺。

3. 能根据火箭模型图样工艺要求，正确、规范地领取材料和量具、刃具、夹具。

4. 能根据操作提示，严格按照机床操作规程完成火箭模型零件的加工，能对已加工零件进行检测，并提出改进意见。

5. 能按照车间 6S 管理规定和安全文明生产要求整理现场，合理保养、维护量具、刃具、夹具及设备，正确处置废物、废油（水）等；能正确、规范地交接班和保养机械设备。

6. 能对各加工零件进行装配，并检测整体零件，分析误差产生的原因，并提出改进措施。

7. 能主动获取有效信息，进行总结反思，具备良好的团队合作意识及沟通能力。

职业核心能力目标

1. 能根据装配信息，对零件加工实际情况进行总结反思；
2. 具备良好的团队合作意识及沟通能力。

建议学时

62 学时。

工作情景描述（体现工学一体）

某玩具工厂接到客户设计图纸——一套火箭模型（图 2－1－1），委托我单位（广东省粤东技师学院，全书同）加工制造，数量为 30 套，工期为 20 天，客户提供样品、图样和材料。现生产部门安排我单位数控车、铣机械加工组完成此任务。

工学流程与活动

1. 火箭模型加工任务分析（获取资讯（4 学时））
2. 火箭模型加工工序编制（计划、决策（20 学时））
3. 火箭模型加工（实施（30 学时））
4. 火箭模型装配及误差分析（检查（4 学时））
5. 工作总结与评价（评价（4 学时））

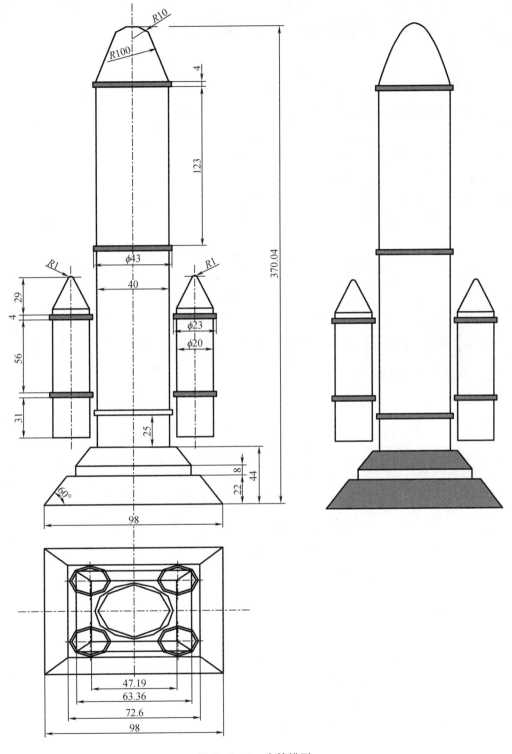

图 2 - 1 - 1　火箭模型

工学活动一 火箭模型任务分析

学习目标

1. 根据给定图样编制火箭模型工艺品的加工工艺规程；
2. 根据工艺方案加工火箭模型工艺品并制作所需专用刃具；
3. 设计并制作加工火箭模型工艺品所需的夹具；
4. 掌握火箭模型主体零件加工的特点；
5. 加工火箭模型工艺品组件；
6. 火箭模型工艺品零件质量检验及质量分析。

建议学时

4 学时。

学习过程

领取火箭模型的生产任务单、零件图样和工艺卡,确定本次任务的加工内容。

一、阅读生产任务单

1. 生产任务单(表 2 – 1 – 1)

表 2 – 1 – 1 生产任务单

需方单位(客户)名称				交货期时间		订金交付后20天	
序号	产品名称	材料	数量(单位:套)	技术标准、质量要求		备注	
1	火箭模型	硬铝(4A01)	30	按所附图纸技术要求加工			
2							
3							
接单时间	年　月　日		接单人		QC(质检员)		
交付订金时间	年　月　日		经手人				
通知任务时间	年　月　日		发单人		生产班组		数控机械加工组

2. 火箭在国防中的用途、作用和射程
(1)火箭的用途有哪些?

(2)火箭在当今国防中起到怎样的作用?

（3）火箭的射程有多远？

二、分析零件图样。

1. 分析零件 1——火箭模型主体图样（图 2 – 1 – 2）

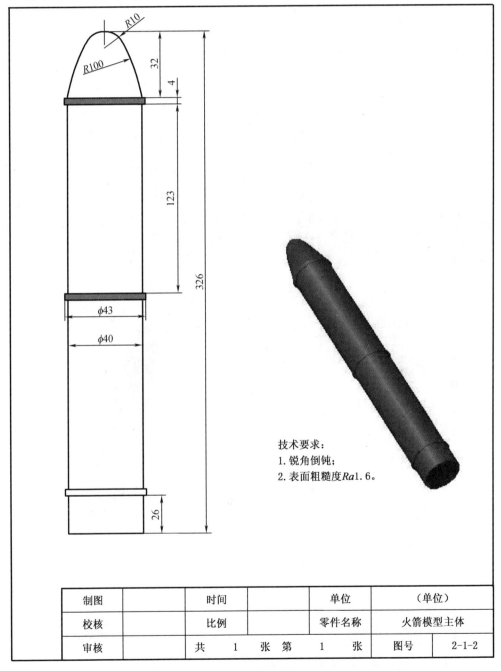

技术要求：
1. 锐角倒钝；
2. 表面粗糙度 $Ra1.6$。

制图		时间		单位		（单位）	
校核		比例		零件名称		火箭模型主体	
审核		共　1　张　第　1　张				图号	2-1-2

图 2 – 1 – 2　火箭模型主体图样

（1）简述零件1——火箭主体的结构及各部分的作用。

（2）简述工件的加工应怎么装夹、定位。

（3）如何计算 $R10$ mm 与 $R100$ mm 的相切点坐标。

（4）材料4A01 是什么材料？日常生活常见的有哪些？

2. 分析零件2——火箭模型助推器图样（图2－1－3）

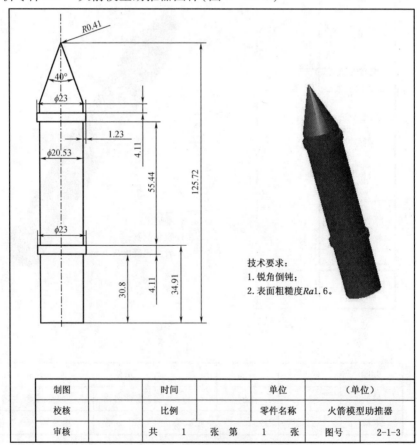

图2－1－3　火箭模型助推器图样

（1）简述零件2——火箭模型助推器的结构及作用。

（2）简述火箭模型助推器的作用。

（3）简述下表面粗糙度的作用。

3. 分析零件3———火箭模型底座图样（图2-1-4）

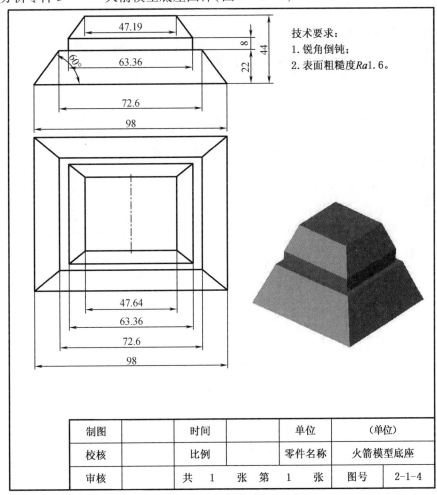

技术要求：
1. 锐角倒钝；
2. 表面粗糙度*Ra*1.6。

制图		时间		单位		（单位）	
校核		比例		零件名称		火箭模型底座	
审核		共 1 张 第 1 张				图号	2-1-4

图2-1-4 火箭模型底座图样

（1）简述零件3——火箭模型底座的结构及作用。

（2）简述陡斜面在数控机床上的加工策略。

（3）此工件的加工需要翻转面加工吗，为什么？

三、阅读工艺卡

1. 识读零件1——火箭模型主体工艺卡（表2-1-2）

表2-1-2　火箭模型主体工艺卡

单位名称		产品名称		火箭模型		图号		2-1-2
		零件名称		火箭模型主体	数量	30		第1页
材料种类	硬铝	材料牌号	4A01	毛坯尺寸		50 mm×350 mm 铝条	共	页
工序号	工序内容	车间	设备	工具			计划工时/min	实际工时/min
				夹具	量具	刃具		
01	粗、精车外圆控制尺寸	第三车间	数控车床	三爪卡盘	带表游标卡尺	外圆车刀、切断刀、尖刀		
更改号			拟定		校正		审核	批准
更改者								
日期								

（1）结合工艺卡及自身认识，分析此零件适合采用什么设备加工，并列出加工所需的刃具。

（2）根据加工要求,说明加工过程中使用了什么辅助夹具,为什么?

（3）根据图样与工艺分析,在表2-1-3中列出加工火箭模型主体所使用的刀具、夹具及量具的名称、型号规格和用途。

表2-1-3　加工火箭模型主体刀具、夹具及量具

类别	名称	型号规格	用途
刀具			
夹具			
量具			

2. 识读零件2——火箭模型助推器工艺卡(表2-1-4)

表2-1-4　火箭模型助推器工艺卡

单位名称		产品名称	火箭模型		图号		2-1-3
		零件名称	火箭模型助推器	数量	120		第1页
材料种类	硬铝	材料牌号	4A01	毛坯尺寸	30 mm×135 mm 铝条		共　页

工序号	工序内容	车间	设备	工具			计划工时 /min	实际工时 /min
				夹具	量具	刀具		
01	粗、精车外圆控制尺寸	第三车间	数控车床	三爪卡盘	带表游标卡尺	外圆车刀、切断刀、尖刀		

更改号		拟定	校正	审核	批准
更改者					
日期					

（1）结合工艺卡及自身认识，分析此零件适合采用什么设备加工，并列出加工所需的刃具。

（2）根据加工要求，说明加工过程中使用了什么辅助夹具，为什么？

（3）根据图样与工艺分析，在表2-1-5中列出加工火箭模型助推器所使用的刃具、夹具及量具的名称、型号规格和用途。

表2-1-5　加工火箭模型助推器刃具、夹具及量具

类别	名称	型号规格	用途
刃具			
夹具			
量具			

2. 识读零件3——火箭模型底座工艺卡（表2-1-6）

表2-1-6　火箭模型底座工艺卡

单位名称		产品名称	火箭模型		图号		2-1-4
		零件名称	火箭模型底座	数量	30		第1页
材料种类	硬铝	材料牌号	4A01	毛坯尺寸	110 mm×110 mm×42 mm 铝块		共1页
工序号	工序内容	车间	设备	工具			计划工时 /min	实际工时 /min
				夹具	量具	刃具		
01	外形粗加工	第四车间	数控铣床	平口钳		铣刀、锉刀		
02								

表 2 - 1 - 6(续)

工序号	工序内容	车间	设备	工具			计划工时 /min	实际工时 /min
				夹具	量具	刀具		
03								
04								
05								
更改号			拟定		校正		审核	批准
更改者								
日期								

(1)结合工艺卡及自身认识,分析此零件适合采用什么设备加工,并列出加工所需的刀具。

(2)根据加工要求,说明加工过程中使用了什么辅助夹具,为什么?

(3)根据图样与工艺分析,在表 2 - 1 - 7 中列出加工火箭模型底座所使用的刀具、夹具及量具的名称、型号规格和用途。

表 2 - 1 - 7　加工火箭模型底座刀具、夹具及量具

类别	名称	型号规格	用途
刀具			
夹具			
量具			

四、制定工作进度计划

本生产任务工期为20天,依据任务要求,制定合理的工作进度计划,并根据小组成员的特点进行分工。工作进度安排及分工表如表2-1-8所示。

表2-1-8 工作进度安排及分工

序号	工作内容	时间	成员	负责人

工学活动二　火箭模型加工工序编制

学习目标

1. 能根据零件图纸分析、确定火箭模型零件在数控车床上的加工步骤；

2. 能根据加工步骤,结合生产实际查阅切削手册,正确、规范制定零件的车削加工工序卡。

建议学时

20 学时。

学习过程

一、制定零件1——火箭模型主体车削加工工序卡

(1)在表2–2–1中,结合火箭模型主体车削加工步骤和图例填写操作内容。

表 2–2–1　火箭模型主体车削加工步骤

序号	操作步骤	加工内容	主要夹、量、刃具
1			
2			
3			
4			

（2）根据火箭模型主体工艺卡工序和加工步骤，制定零件车削加工工序卡（表 2 - 2 - 2），并将零件加工完成图样绘制到工序卡的空白处。（注：数控加工时，填上 G 代码程序）

表 2 - 2 - 2　火箭模型主体加工工序卡

火箭主体 工序卡		产品型号		零件图号	2 - 1 - 2	共 1 页	第 1 页
		产品名称	火箭模型	零件名称	火箭模型主体		
		车间	工序号		工序名称		材料牌号
		毛坯种类	毛坯外形尺寸		每毛坯可制件数		每台件数
		设备名称	设备型号		设备编号		同时加工件数
		夹具编号			夹具名称		切削液
		工位器具编号	工位器具名称		工序工时/min		
					准终		单件

工步号	工步内容	工艺装备	主轴转速 /(r·min^{-1})	切削速度 /(m·min^{-1})	进给量 /(mm·r^{-1})	切削深度 /mm	进给 次数	工步工时/s	
								机动	辅助
		设计（日期）	校对（日期）		审核（日期）	标准化（日期）		会签（日期）	

（3）填写加工程序数控 G 代码（表 2－2－3）。

表 2－2－3　加工程序数控 G 代码

程序号	程序说明
00001	

二、制定零件 2——火箭模型助推器车削加工工序卡

（1）在表 2 - 2 - 4 中，结合火箭模型助推器加工步骤和图例填写操作内容。

表 2 - 2 - 4　火箭模型助推器车削加工步骤

序号	操作步骤	加工内容	主要夹、量、刃具
1			
2			
3			
4			

　　（2）根据火箭助推器工艺卡工序号和加工步骤，制定火箭助推器零件车削加工工序卡（表 2 - 2 - 5），并把火箭助推器完成图样绘制到工序卡片的空白处。（注：数控加工时，填上 G 代码程序）

表 2 - 2 - 5　火箭模型助推器加工工序卡

火箭助推器 工序卡	产品型号		零件图号	2 - 1 - 3	共 1 页	第 1 页
	产品名称	火箭模型	零件名称	火箭助推器		
	车间		工序号		工序名称		材料牌号
	毛坯种类		毛坯外形尺寸		每毛坯可制件数		每台件数
	设备名称		设备型号		设备编号		同时加工件数
	夹具编号				夹具名称		切削液
	工位器具编号		工位器具名称		工序工时/min	
					准终	单件

表 2 – 2 –5（续）

工步号	工步内容	工艺装备	主轴转速 /(r·min⁻¹)	切削速度 /(m·min⁻¹)	进给量 /(mm·r⁻¹)	切削深度 /mm	进给次数	工步工时/s 机动	工步工时/s 辅助

	设计（日期）	校对（日期）	审核（日期）	标准化（日期）	会签（日期）

（3）填写加工程序数控 G 代码（表 2 – 2 – 6）。

表 2 – 2 – 6　加工程序数控 G 代码

程序号	程序说明
O0001	

三、制定零件3——火箭模型底座加工工序卡

（1）在表2-2-7中,结合火箭模型底座加工步骤和图例填写操作内容。

表2-2-7　火箭底座铣削加工步骤

序号	操作步骤	加工内容	主要夹、量、刃具
1			
2			
3			
4			
5			
6			
7			

（2）根据火箭模型底座工艺卡工序号和加工步骤,制定零件铣削加工工序卡(表2-2-8),并把零件加工完成图样绘制到工序卡的空白处。(注:数控加工时,填上G代码程序)

表2-2-8　底座加工工序卡

底座工序卡	产品型号		零件图号	2-1-4	共1页	第1页
	产品名称	火箭模型	零件名称	底座		
	车间	工序号	工序名称		材料牌号	
	毛坯种类	毛坯外形尺寸	每毛坯可制作数		每台件数	
	设备名称	设备型号	设备编号		同时加工件数	
	夹具编号		夹具名称		切削液	
	工具器具编号	工位器具名称	工序工时/min			
			准终		单件	

表 2 – 2 – 8（续）

工步号	工步内容	工艺装备	主轴转速/(r·min⁻¹)	切削速度/(m·min⁻¹)	进给量/(mm·r⁻¹)	切削深度/mm	进给次数	工步工时/s	
								机动	辅助
		设计（日期）	校对（日期）		审核（日期）	标准化（日期）		会签（日期）	

（3）填写加工程序数控 G 代码（表 2 – 2 – 9）。

表 2 – 2 – 9 加工程序数控 G 代码

程序号	程序说明
00001	

工学活动三   火箭模型加工

学习目标

1. 能根据零件图纸正确领取材料；
2. 能根据需要正确领取量具、刃具、夹具等；
3. 能合理地在砂轮房刃磨所需要的刃具；
4. 能严格遵守各机械设备的安全使用规范，并遵守车间 6S 管理要求；
5. 在加工过程中做到爱护所使用的各种设备，量具、夹具等；正确处置废油液等废弃物；规范地交接班和保养机床设备。

建议学时

30 学时。

准备过程

一、填写领料单(表 2 - 3 - 1)并领取材料

表 2 - 3 - 1   领料单

领料班级			产品名称及数量		
领料时间			经手人		
材料名称	材料规格及型号	组号	数量		单价	总价
			请领	实发		
材料用途说明	材料仓库	主管	发料数量	领料班级	组长	领料数量

二、汇总量具、刃具、夹具清单(表 2 - 3 - 2)并领取量具、刃具、夹具

表 2 - 3 - 2   量具、刃具、夹具清单

序号	名称	型号规格	数量	需领用数量

三、刃磨刃具

能根据火箭模型主体及火箭模型助推器零件加工需要,合理刃磨各种车刀(外圆、尖刀、切断等),绘出车刀的几何形状及角度,并叙述尖刀与外圆车刀的差异。

四、完成火箭模型主体零件加工和质量检测

1. 火箭模型主体加工

(1)按照加工工序卡和表2-3-3中的操作加工过程提示,在实训车间完成火箭模型主体的车削加工。

表2-3-3　火箭模型主体车削操作过程

操作步骤	操作要点
①加工前准备工作	a.安全操作规程,加工零件前检查各电气设备的手柄、传动部件、防护、限位装置是否齐全可靠、灵活,然后完成机床润滑、预热等准备工作。 b.根据车间要求,合理放置毛坯料、刃具、量具、图样、工序卡等
②车削加工	a.合理安装刃具。 b.合理装夹毛坯料。 c.根据火箭模型主体车削加工工序卡,规范操作数控车床车削火箭模型主体达到图样的要求,及时合理地做好在线加工检测工作。 d.根据检测表,合理检测车削完成的火箭模型主体
③加工后整理工作	加工完毕后,正确放置零件,并进行产品交接确认,按照国家相关环保规定和车间6S管理要求,整理现场,正确放置废水、废液等废弃物;按车间规定填写交接班记录

(2)记录加工过程中出现的问题,并写出改进措施。

（3）对加工完成的火箭模型主体零件进行质量检测，并把检测结果填入表 2 - 3 - 4 中。

表 2 - 3 - 4　质量检测表

序号	检测项目	检测内容	配分	检测要求	学生自评		组间互评		教师评价	
					自测	得分	检测	得分	检测	得分
1	外形/mm	$48^{-0.03}_{-0.08}$	10	超差 0.01 扣 5 分						
2		$40^{-0.03}_{-0.08}$	10	超差 0.01 扣 5 分						
4	长度/mm	326 ± 0.03	10	超差 0.01 扣 5 分						
5	圆弧/mm	$R100$	15	一处不合格扣 2 分						
6		$R10$	15	一处不合格扣 2 分						
7	表面粗糙度	$Ra3.2$	8	降一级扣 4 分						
8	时间/min	45	8	未按时完成全扣						
9	现场操作规范	遵守设备操作规程	8	违反操作规程按程度扣分						
10		正确使用工量具	8	工量具使用错误，每项扣 2 分						
11		合理保养设备	8	违反维护保养规程，每项扣 2 分						
合计（总分）			100	机床编号				总得分		
开始时间				结束时间				加工时间		

（4）填写完整的数控加工程序（表 2 - 3 - 5）（对应数控系统型号）。

表 2 - 3 - 5　数控加工程序

程序号	程序说明
00001	

2. 火箭模型助推器的加工

（1）按照加工工序卡和表 2 - 3 - 6 中的操作加工过程提示，在实训车间完成火箭助推器的车削加工。

表 2 - 3 - 6 火箭助推器车削操作过程

操作步骤	操作要点
①加工前准备工作	a. 安全操作规程，加工零件前检查各电气设备的手柄、传动部件、防护、限位装置是否齐全可靠、灵活，然后完成机床润滑、预热等准备工作。 b. 根据车间要求，合理放置毛坯料、刀具、量具、图样、工序卡等
②车削加工	a. 合理安装刀具。 b. 合理装夹毛坯料。 c. 根据火箭模型助推器车削加工工序卡，规范操作数控车床车削火箭模型助推器达到图样的要求，及时合理地做好在线加工检测工作。 d. 根据检测表，合理检测车削完成的火箭助推器
③加工后整理工作	加工完毕后，正确放置零件，并进行产品交接确认，按照国家相关环保规定和车间 6S 管理要求，整理现场，正确放置废水、废液等废弃物；按车间规定填写交接班记录

（2）记录加工过程中出现的问题，分析并写出改进措施。

（3）对加工完成的火箭助推器零件进行质量检测，并把检测结果填入表 2 - 3 - 7 中。

表 2 - 3 - 7 质量检测表

序号	检测项目	检测内容	配分	检测要求	学生自评		组间互评		教师评价	
					自测	得分	检测	得分	检测	得分
1	外形/mm	$\phi 20.53^{-0.03}_{-0.06}$	20	超差 0.01 扣 5 分						
2		$\phi 20 \pm -0.03$	20	超差 0.01 扣 5 分						
3	长度/mm	125.72 ±0.03	20	超差 0.01 扣 5 分						
4	圆弧/mm	$R0.41$	5	一处不合格扣 2 分						
5	锥度/(°)	40	10	角度超差 0.1°扣 5 分						
6	表面粗糙度	$Ra3.2$	5	降一级扣 2 分						
7	时间/min	30	5	未按时完成全扣						

表 2-3-7（续）

序号	检测项目	检测内容	配分	检测要求	学生自评		组间互评		教师评价	
					自测	得分	检测	得分	检测	得分
8	现场操作规范	遵守设备操作规程	5	违反操作规程按程度扣分						
9		正确使用工量具	5	工量具使用错误,每项扣2分						
10		合理保养设备	5	违反维护保养规程,每项扣2分						
合计(总分)			100	机床编号				总得分		
开始时间				结束时间				加工时间		

（4）填写完整的数控加工程序（表2-3-8）（对应数控系统型号）。

表 2-3-8　数控加工程序

程序号	程序说明
00001	

3. 火箭模型底座的加工

（1）按照加工工序卡和表2-3-9中的操作加工过程提示,在实训车间完成火箭模型底座的铣削加工。

表 2-3-9　火箭模型底座铣削操作过程

操作步骤	操作要点
①加工前准备工作	a. 安全操作规程,加工零件前检查各电气设备的手柄、传动部件、防护、限位装置是否齐全可靠、灵活,然后完成机床润滑、预热等准备工作。 b. 根据车间要求,合理放置毛坯料、刃具、量具、图样、工序卡等
②铣削加工	a. 合理安装刃具。 b. 合理装夹毛坯料。 c. 根据火箭模型底座铣削加工工序卡,规范操作铣床铣削火箭模型底座达到图样的要求,及时合理地做好在线加工检测工作。 d. 根据检测表,合理检测铣削完成的火箭底座
③加工后整理工作	加工完毕后,正确放置零件,并进行产品交接确认,按照国家相关环保规定和车间6S管理要求,整理现场,正确放置废水、废液等废弃物;按车间规定填写交接班记录

（2）记录加工过程中出现的问题，并写出改进措施。

（3）对加工完成的火箭模型底座零件进行质量检测，并把检测结果填入表 2 – 3 – 10 中。

表 2 – 3 – 10　质量检测表

序号	检测项目	检测内容	配分	检测要求	学生自评		组间互评		教师评价	
					自测	得分	检测	得分	检测	得分
1	外形/mm	$98^{+0.03}_{-0.01}$	15	超差 0.01 扣 5 分						
2		72.6 ± 0.02	12	超差 0.01 扣 5 分						
3		$63.36^{-0.03}_{-0.07}$	12	超差 0.01 扣 5 分						
4		47.19 ± 0.03	11	超差 0.01 扣 5 分						
5	高度/mm	22 ± 0.03	5	超差 0.01 扣 5 分						
6		8 ± 0.03	5	超差 0.01 扣 5 分						
7		10 ± 0.03	5	超差 0.01 扣 5 分						
8	锥度/(°)	60	10	角度超差 0.1° 扣 5 分						
9	表面粗糙度	$Ra3.2$	5	降一级扣 2 分						
10	时间/min	60	5	未按时完成全扣						
11	现场操作规范	遵守设备操作规程	5	违反操作规程按程度扣分						
12		正确使用工量具	5	工量具使用错误，每项扣 2 分						
13		合理保养设备	5	违反维护保养规程，每项扣 2 分						
合计（总分）			100	机床编号				总得分		
开始时间				结束时间				加工时间		

（4）填写完整数控加工程序（表 2 – 3 – 11）（对应数控系统型号）。

表 2 – 3 – 11　数控加工程序

程序号	程序说明
00001	

五、设备使用记录表及日常保养记录表

填写设备使用记录(表2-3-12)和设备日常维护与保养记录表(表2-3-13)。

表2-3-12   设备使用记录表

仪器名称			型号	
生产厂家			管理人	
使用日期	时间	设备状态	使用人	备注
				(根据需要增加)

表2-3-13   设备日常维护与保养记录表

年   月   部门: 机器名称:

周数	项目	日期					保养人	每月情况	备注
		1	2	3	4	5			
一	电源								
	清洁								
	防锈润滑								
二	电源								
	清洁								
	防锈润滑								
三	电源								
	清洁								
	防锈润滑								
四	电源								
	清洁								
	防锈润滑								
五	电源								
	清洁								
	防锈润滑								

注:"×"表示不合格;"⊗"表示合格;"○"表示维修合格。

工学活动四　火箭模型装配及误差分析

学习目标

1.能正确规范地组装火箭模型;
2.能正确规范地检测火箭模型的整体质量;
3.能根据火箭模型检测结果,分析误差产生的原因,并提出改进措施。

建议学时

4 学时。

学习过程

一、检测火箭模型质量

根据表 2 - 4 - 1 的内容检测火箭模型质量。

表 2 - 4 - 1　火箭模型质量检测表

序号	检测内容	检测方法	检测结果	结论
1	表面质量			
2	工件整洁			
3	配合精度			
4	形状精度			
5	尺寸精度			

注:火箭模型为艺术品,购买者注重表面质量、工件整洁、配合精度等;尺寸精度为专业技术要求。

二、误差分析

根据检测结果进行误差分析,将分析结果填入表 2 - 4 - 2 中。

表 2 - 4 - 2　误差分析表

测量内容		零件名称	
测量工具与仪器		测量人员	
班级		日期	
测量目的			

表2-4-2(续)

测量步骤	
测量要领	

三、结论

将检测结论填入表2-4-3中。

表2-4-3 检测结论分析表

质量问题	产生原因	改进措施
外形尺寸误差		
形位误差		
表面粗糙度误差		
其他误差		

工学活动五　工作总结与评价

学习目标

1. 能按分组的情况,分别派代表展示工作成果;说明本次任务完成的情况,并做分析总结。

2. 能结合自身任务的完成情况,正确、规范地撰写工作总结(心得体会)。

3. 能就本次任务中出现的问题提出改进措施。

4. 能对学习与工作进行反思总结,并能与他人开展良好合作和沟通。

建议学时

4 学时。

学习过程

一、展示与评价

把制作好的火箭模型先进行分组展示,再由小组推荐的代表进行介绍,在此过程中,以组为单位进行评价;评价完成后,根据其他组成员对本组展示成果的情况进行归纳总结。

完成如下项目(在相应的括号中打"√")。

(1)展示的火箭模型符合标准吗?

合格(　　)　不良(　　)　返修(　　)　废品(　　)

(2)与其他组对比,本小组的火箭模型加工工艺如何?

工艺优化(　　)　工艺合理(　　)　工艺一般(　　)

(3)本小组介绍成果表达是否清晰?

很好(　　)　一般,需要补充(　　)　不清晰(　　)

(4)本小组演示的火箭模型的检测方法操作正确吗?

正确(　　)　部分正确(　　)　不正确(　　);

(5)本小组演示操作时遵循 6S 管理的工作要求了吗?

符合工作要求(　　)　忽略了部分要求(　　)　完全没有遵循(　　)

(6)本小组成员的团队创新精神如何?

良好(　　)　一般(　　)　不足(　　)

二、自评总结(心得体会)

三、教师评价

（1）找出各组的优点点评。

（2）对任务完成过程中各组的缺点进行点评，提出改进方法。

（3）对整个任务完成过程中出现的亮点和不足进行点评。

四、评价表

该课程的评价考核改变单一的总结性评价的方法，采用教学过程考核与工作质量考核相结合的方法。其中，教学过程考核和工作质量考核两部分的比例为6：4。灵活多变的考核方式可以全面考核学生的学习效果。课程考核方式见表2-5-1及各个零件测评的"质量检测表"。

表2-5-1 工学任务评价表

班级_____ 组别_____ 名字_____

项目	自我评价			小组评价			教师评价		
	8~10	5~7	1~4	8~10	5~7	1~4	8~10	5~7	1~4
	占总评分10%			占总评分30%			占总评分60%		
工学活动一									
工学活动二									
工学活动三									
工学活动四									
工学活动五									
协作精神									
纪律观念									
表达能力									
工作态度									
拓展能力									
总评									

注：学生个人总评分＝小组总评分×60%＋质量检测表平均分×40%。

学习任务三　多功能笔筒模型的制作

职业能力目标

1. 能准确分析多功能笔筒模型零件图纸，制定工艺卡，并填写加工进度。

2. 能结合生产车间设备实际情况，查阅工具书等资料，正确、规范制定加工步骤，具备一定的分析加工工艺能力。

3. 能分析对应物资需求，向车间仓管人员领取必要的材料和量具、刃具、夹具。

4. 能严格遵守设备操作规程完成多功能笔筒模型的加工；并能独立对已加工零件进行尺寸等方面的检测；如有检测误差能提出改进意见。

5. 遵守车间 6S 管理要求，严格进行安全文明生产，合理保养、维护量具、刃具、夹具及设备；能规范地填写设备使用记录表。

6. 配件加工完成后，能按要求对零件进行组装，并检测整体零件误差，分析整体误差产生的原因，提出改进意见。

职业核心能力目标

1. 能根据装配信息，对零件加工实际情况进行总结反思；

2. 具备良好团队合作意识及沟通能力。

建议学时

52 学时。

工作情景描述（体现工学一体）

某工厂接到某客户设计图纸——一套多功能笔筒模型（图 3 - 1 - 1），委托我单位加工制造，数量为 10 套，工期为 20 天，客户提供样品、图样和材料。现生产部门安排数控车、铣机械加工组完成此任务。

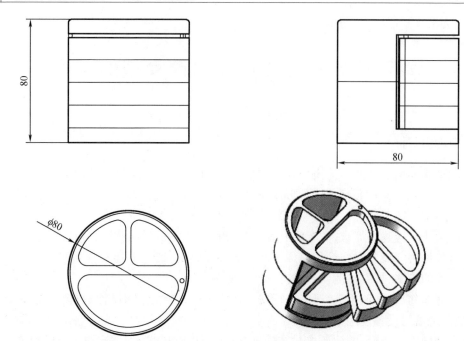

图 3 - 1 - 1　多功能笔筒模型

工学流程与活动

1. 多功能笔筒模型加工任务分析(获取资讯(6 学时));
2. 多功能笔筒模型加工工序编制(计划、决策(10 学时));
3. 多功能笔筒模型加工(实施(30 学时));
4. 多功能笔筒模型装配及误差分析(检查(4 学时));
5. 工作总结与评价(评价(2 学时))。

工学活动一　多功能笔筒模型加工任务分析

学习目标

1. 了解多功能笔筒模型的加工材料;
2. 了解多功能笔筒模型加工的生产纲领;
3. 了解多功能笔筒模型的加工工序。

建议学时

6 学时。

学习过程

领取多功能笔筒模型的生产任务单、零件图样和工艺卡,确定本次任务的加工内容。

一、阅读生产任务单

1. 生产任务单(表3 – 1 – 1)

表 3 – 1 – 1　生产任务单

需方单位(客户)名称				交货期时间	订金交付后 20 天	
序号	产品名称	材料	数量(单位:套)	技术标准、质量要求		备注
1	多功能笔筒模型	硬铝(4A01)	10	按所附图纸技术要求加工		
2						
3						
接单时间	年　月　日		接单人		QC(质检员)	
交付订金时间	年　月　日		经手人			
通知任务时间	年　月　日		发单人		生产班组	数控机械加工组

(1)简述笔筒在生活中的用途与作用。

(2)笔筒深度是否有讲究,为什么?

二、分析零件图样

1. 分析零件 1——笔筒半月盘图样（图 3 - 1 - 2）

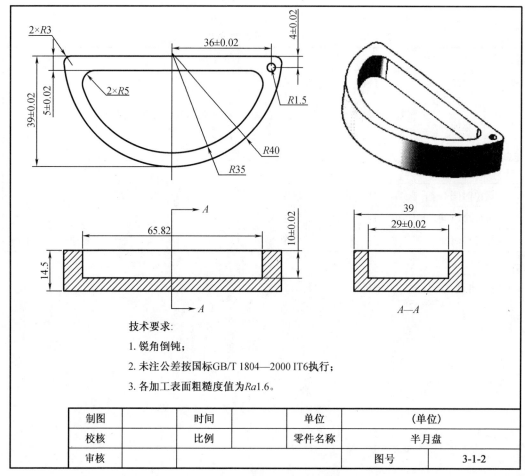

技术要求：

1. 锐角倒钝；

2. 未注公差按国标 GB/T 1804—2000 IT6 执行；

3. 各加工表面粗糙度值为 $Ra1.6$。

制图		时间		单位		（单位）	
校核		比例		零件名称		半月盘	
审核						图号	3-1-2

图 3 - 1 - 2   笔筒模型半月盘图样

（1）简述零件 1——笔筒模型半月盘在整体中起到的作用。

（2）简述小孔 $R1.5$ mm 如何定位，定位基准如何确定。

（3）简述尺寸(39±0.02)mm,(36±0.02)mm,(4±0.02)mm 必须要控制的目的、作用是什么。

（4）笔筒模型半月盘高度是否合理,根据什么制定。

2.分析零件2——圆锥销图样(图3-1-3)

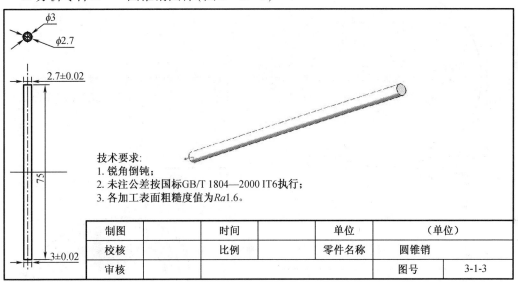

图3-1-3　圆锥销图样

（1）简述零件2——圆锥销在笔筒里起到什么作用。

（2）圆锥销是否可用其他代替,为什么?

（3）圆锥销尺寸一头 ϕ3.0 mm 与一头 ϕ2.7 mm 的目的是什么？

（4）圆锥销的尺寸根据什么确定。

3.分析零件3——笔筒模型主体上部分图样（图3-1-4）

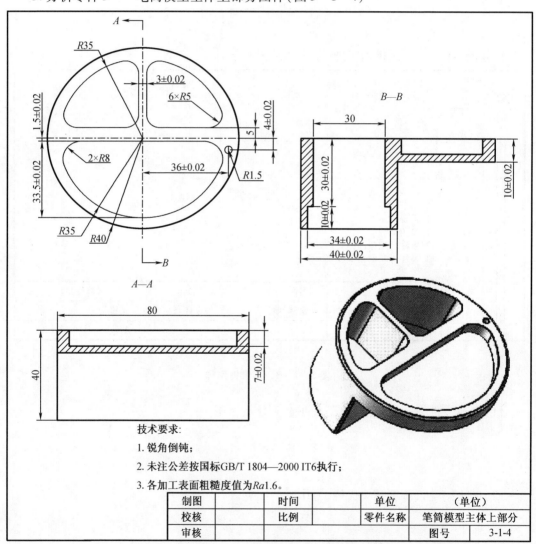

技术要求:

1. 锐角倒钝;

2. 未注公差按国标GB/T 1804—2000 IT6执行;

3. 各加工表面粗糙度值为Ra1.6。

制图		时间		单位	（单位）
校核		比例		零件名称	笔筒模型主体上部分
审核				图号	3-1-4

图3-1-4 笔筒模型主体上部分图样

（1）简述零件 3——笔筒主体上部分的结构及作用。

（2）简述笔筒主体分上、下两部分的理由。

（3）铣床上是否可以采用直角通槽替代主体 $6 \times R5$ mm 的通槽，为什么？

（4）主体内孔为什么是台阶孔配合设计，是否有更合理的设计？

4. 分析零件4————笔筒模型主体下部分图样(图3-1-5)

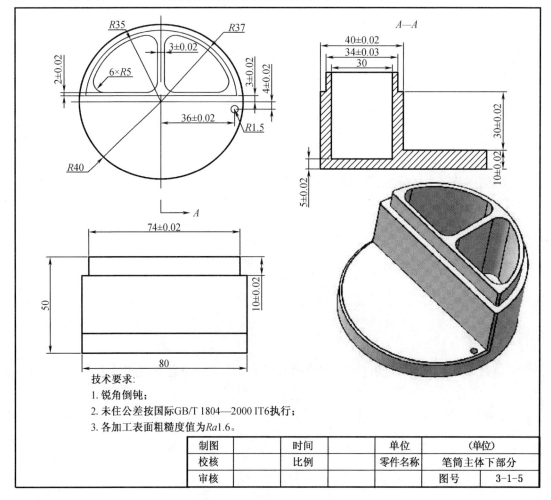

技术要求:

1. 锐角倒钝;

2. 未住公差按国际GB/T 1804—2000 IT6执行;

3. 各加工表面粗糙度值为Ra1.6。

制图		时间		单位		(单位)	
校核		比例		零件名称		笔筒主体下部分	
审核						图号	3-1-5

图3-1-5   笔筒主体下部分图样

(1)简述零件4——笔筒主体下部分的结构及作用。

(2)简述零件中凸台的作用。

(3)简述尺寸(36±0.02)mm与(4±0.02)mm尺寸控制的关系,以及如何更好地控制好该孔距。

（4）采用间隙配合加工合理吗，是否有更合理的设计？

三、阅读工艺卡

1. 识读零件1——半月盘加工工艺卡（表3-1-2）

表3-1-2 半月盘加工工艺卡

单位名称		产品名称		多功能笔筒		图号		3-1-2
		零件名称		半月盘	数量	10		第1页
材料种类	硬铝	材料牌号	4A01	毛坯尺寸		$\phi82$ mm×12 mm		共1页
工序号	工序内容	车间	设备	工具			计划工时 /min	实际工时 /min
				夹具	量具	刃具		
01	下料 $\phi82$ mm×12 mm	准备车间	锯床	机用平口钳	钢直尺	锯条	20	
02	铣半月盘	铣	铣床	专用平口钳	游标卡尺 千分尺	铣刀	50	
03	钻孔 $\phi3$/mm	铣	铣床	专用平口钳	游标卡尺 千分尺	麻花钻 铰刀	15	
04	检验	检验室			游标卡尺 千分尺 半径样板		15	
更改号			拟定		校正	审核		批准
更改者								
日期								

（1）结合工艺卡及自身认识，分析此零件适合采用什么设备加工，列出加工所需的刃具。

（2）根据加工要求，说明加工过程中需使用什么辅助夹具，为什么？

（3）根据图样与工艺分析，在表3－1－3中列出笔筒半月盘零件所使用的刃具、夹具及量具的名称、型号规格和用途。

表3－1－3　加工笔筒半月盘刃具、夹具及量具

类别	名称	型号规格	用途
刃具			
夹具			
量具			

2. 识读零件2——圆锥销加工工艺卡（表3－1－4）

表3－1－4　圆锥销加工工艺卡

单位名称		产品名称		多功能笔筒		图号		3－1－3
		零件名称		圆锥销	数量	10		第　页
材料种类	硬铝	材料牌号	4A01	毛坯尺寸		$\phi 5\ mm \times 82\ mm$		共　页
工序号	工序内容	车间	设备	工具			计划工时/min	实际工时/min
				夹具	量具	刃具		
01	下料 $\phi 5\ mm \times 82\ mm$	准备车间	锯床	机用平口钳	钢直尺	锯条	5	
02	圆锥销	数车	车床	自定心三爪卡盘	游标卡尺 千分尺	外圆车刀 切断刀	45	
03	检验	检验室			游标卡尺 千分尺 半径样板		15	
更改号			拟定		校正	审核		批准
更改者								
日期								

（1）结合工艺卡及自身认识,分析此零件适合采用什么设备加工,并列出加工所需的刃具。

（2）根据加工要求,说明加工过程中需使用什么辅助夹具,为什么?

（3）根据图样与工艺分析,在表3-1-5中列出笔筒模型圆锥销零件所使用的刃具、夹具及量具的名称、型号规格和用途。

表3-1-5 加工笔筒圆锥销刃具、夹具及量具

类别	名称	型号规格	用途
刃具			
夹具			
量具			

3.识读零件3——主体上部分零件加工工艺卡(表3-1-6)

表3-1-6 主体上部分零件加工工艺卡

单位名称		产品名称		多功能笔筒		图号		3-1-4
		零件名称		主体上部分零件	数量	10		第　页
材料种类	硬铝	材料牌号	4A01	毛坯尺寸		$\phi82$ mm$\times$42 mm		共　页
工序号	工序内容	车间	设备	工具			计划工时/min	实际工时/min
				夹具	量具	刃具		
01	下料 $\phi82$ mm$\times$42 mm	准备车间	锯床	机用平口钳	钢直尺	锯条	10	

表 3 - 1 - 6（续）

工序号	工序内容	车间	设备	工具			计划工时 /min	实际工时 /min
				夹具	量具	刃具		
02	主体上端零件	铣	数铣	专用平口钳	游标卡尺 千分尺	铣刀	0	
03	钻孔 $\phi 3$ mm	铣	数铣	专用平口钳	游标卡尺 千分尺	麻花钻 铰刀	10	
04	检验	检验室			游标卡尺 千分尺 半径样板		20	
更改号			拟定		校正		审核	批准
更改者								
日期								

（1）结合工艺卡及自身认识，分析此零件适合采用什么设备加工，并列出加工所需的刃具。

（2）根据加工要求，说明加工过程中需使用什么辅助夹具，为什么？

（4）根据图样与工艺分析，在表 3 - 1 - 7 中列出主体上部分零件所使用的刃具、夹具及量具的名称、型号规格和用途。

表 3 - 1 - 7　加工笔筒主体上部分零件刃具、夹具及量具

类别	名称	型号规格	用途
刃具			
夹具			
量具			

4. 识读零件4——主体下部分零件加工工艺卡(表3－1－8)

表 3 - 1 - 8　主体下部分零件加工工艺卡

单位名称		产品名称		多功能笔筒		图号		3－1－5
		零件名称		主体下部分零件	数量	10		第　页
材料种类	硬铝	材料牌号	4A01	毛坯尺寸		ϕ82 mm×42mm		共　页
工序号	工序内容	车间	设备	工具			计划工时 /min	实际工时 /min
				夹具	量具	刃具		
01	下料 ϕ82 mm×42 mm	准备车间	锯床	机用 平口钳	钢直尺	锯条	10	
02	主体下端零件	铣	铣床	专用 平口钳	游标卡尺 千分尺	铣刀	70	
03	钻孔 ϕ3 mm	铣	铣床	专用 平口钳	游标卡尺 千分尺	麻花钻 铰刀	10	
04	检验	检验室			游标卡尺 千分尺 半径样板		20	
更改号			拟定		校正		审核	批准
更改者								
日期								

(4)结合工艺卡及自身认识,分析此零件适合采用什么设备加工,并列出加工所需的刃具。

(5)根据加工要求,说明加工过程中需使用什么辅助夹具,为什么?

(6)根据图样与工艺分析,在表3-1-9中列出笔筒模型主体下部分零件所使用的刃具、夹具及量具的名称、型号规格和用途。

表3-1-9　加工笔筒模型主体下部分零件刃具、夹具及量具

类别	名称	型号规格	用途
刃具			
夹具			
量具			

四、制定工作进度计划

本生产任务工期为20天,依据任务要求,制定合理的工作进度计划,并根据小组成员的特点进行分工。工作进度安排及分工表如表3-1-10所示。

表3-1-10　工作进度安排及分工

序号	工作内容	时间	成员	负责人

工学活动二　多功能笔筒模型加工工序编制

学习目标

1. 能根据零件图纸分析、确定多功能笔筒模型零件在数控车、数控铣床上的加工步骤;

2. 能根据加工步骤,结合生产实际查阅切削手册,正确、规范制定多功能笔筒模型零件的车削和铣削加工工序卡。

建议学时

10 学时。

学习过程

一、制定零件 1——笔筒模型半月盘铣削加工工序卡

(1)在表 3 - 2 - 1 中,结合笔筒模型半月盘铣削加工步骤和图例填写操作内容。

表 3 - 2 - 1　笔筒模型半月盘铣削加工步骤

序号	操作步骤	加工内容	主要夹、量、刃具

（2）根据笔筒模型半月盘工艺卡工序号和加工步骤，制定笔筒模型半月盘零件铣削加工工序卡（表3-2-2），并把笔筒模型半月盘完成图样绘制到工序卡的空白处。（注：数控加工时，填上G代码程序）

表3-2-2　笔筒模型半月盘加工工序卡

笔筒模型半月盘铣削工序卡		产品型号		零件图号	3-1-2	共1页		第1页
		产品名称	笔筒模型	零件名称	半月盘			
	车间		工序号		工序名称		材料牌号	
	毛坯种类		毛坯外形尺寸		每毛坯可制件数		每台件数	
	设备名称		设备型号		设备编号		同时加工件数	
	夹具编号			夹具名称		切削液		
	工位器具编号		工位器具名称		工序工时/min			
					准终		单件	

工步号	工步内容	工艺装备	主轴转速/(r·min⁻¹)	切削速度/(m·min⁻¹)	进给量/(mm·r⁻¹)	切削深度/mm	进给次数	工步工时/s	
								机动	辅助

	设计（日期）	校对（日期）	审核（日期）	标准化（日期）	会签（日期）

（3）填写加工程序数控 G 代码（表 3 - 2 - 3）。

表 3 - 2 - 3　加工程序数控 G 代码

程序号	程序说明
00001	

二、制定零件2——笔筒模型圆锥销车削加工工序卡

（1）在表3-2-4中，填写笔筒模型圆锥销车削加工步骤和加工内容。

表3-2-4 笔筒模型圆锥销车削加工步骤

序号	操作步骤	加工内容	主要夹、量、刃具

（2）根据笔筒模型圆锥销工艺卡工序号和加工步骤，制定笔筒模型圆锥销零件车削加工工序卡（表3-2-5），并把笔筒模型圆锥销完成图样绘制到工序卡的空白处。（注：数控加工时，填上G代码程序）

表3-2-5 笔筒模型圆锥销车销加工工序卡

<table>
<tr><td rowspan="2" colspan="2">笔筒圆锥销车削工序卡</td><td>产品型号</td><td></td><td>零件图号</td><td>3-1-3</td><td rowspan="2">共1页</td><td rowspan="2">第1页</td></tr>
<tr><td>产品名称</td><td>笔筒模型</td><td>零件名称</td><td>圆锥销</td></tr>
<tr><td rowspan="14"></td><td colspan="2">车间</td><td>工序号</td><td>工序名称</td><td colspan="2">材料牌号</td></tr>
<tr><td colspan="2"></td><td></td><td></td><td colspan="2"></td></tr>
<tr><td colspan="2">毛坯种类</td><td>毛坯外形尺寸</td><td>每毛坯可制件数</td><td colspan="2">每台件数</td></tr>
<tr><td colspan="2"></td><td></td><td></td><td colspan="2"></td></tr>
<tr><td colspan="2">设备名称</td><td>设备型号</td><td>设备编号</td><td colspan="2">同时加工件数</td></tr>
<tr><td colspan="2"></td><td></td><td></td><td colspan="2"></td></tr>
<tr><td colspan="3">夹具编号</td><td>夹具名称</td><td colspan="2">切削液</td></tr>
<tr><td colspan="3"></td><td></td><td colspan="2"></td></tr>
<tr><td colspan="2" rowspan="2">工位器具编号</td><td rowspan="2">工位器具名称</td><td colspan="3">工序工时/min</td></tr>
<tr><td>准终</td><td colspan="2">单件</td></tr>
<tr><td colspan="2"></td><td></td><td></td><td colspan="2"></td></tr>
</table>

表 3 - 2 - 5（续）

工步号	工步内容	工艺装备	主轴转速 /(r·min⁻¹)	切削速度 /(m·min⁻¹)	进给量 /(mm·r⁻¹)	切削深度 /mm	进给次数	工步工时/s	
								机动	辅助
	设计（日期）		校对（日期）		审核（日期）		标准化（日期）		会签（日期）

（3）将加工程序数控 G 代码填入表 3 - 2 - 6 中。

表 3 - 2 - 6　加工程序数控 G 代码

程序号	程序说明
O0001	

三、制定零件 3——笔筒模型主体上部分铣削加工工序卡

（1）在表 3 – 2 – 7 中，填写笔筒模型主体上部分铣削加工步骤和加工内容。

表 3 – 2 – 7　笔筒模型主体上部分铣削加工步骤

序号	操作步骤	加工内容	主要夹、量、刃具

(2)根据笔筒模型主体上部分工艺卡工序号和加工步骤,制定笔筒模型主体上部分零件铣削加工工序卡(表3-2-8),并把笔筒模型主体上部分完成图样绘制到工序卡的空白处。(注:数控加工时,填上G代码程序)

表3-2-8 笔筒模型主体上部分加工工序卡

笔筒模型主体上部分铣削工序卡	产品型号		零件图号	3-1-4	共1页	第1页
	产品名称	笔筒模型	零件名称	主体上部分		

	车间	工序号	工序名称	材料牌号
	毛坯种类	毛坯外形尺寸	每毛坯可制件数	每台件数
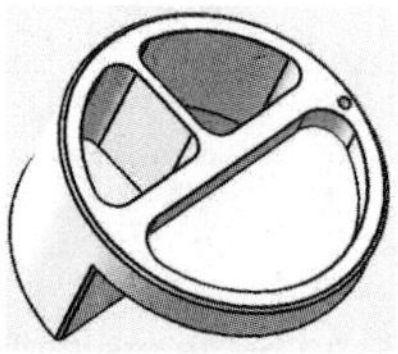	设备名称	设备型号	设备编号	同时加工件数
	夹具编号		夹具名称	切削液
	工位器具编号	工位器具名称	工序工时/min	
			准终	单件

工步号	工步内容	工艺装备	主轴转速/(r·min^{-1})	切削速度/(m·min^{-1})	进给量/(mm·r^{-1})	切削深度/mm	进给次数	工步工时/s	
								机动	辅助

	设计(日期)	校对(日期)	审核(日期)	标准化(日期)	会签(日期)

（3）填写加工程序数控 G 代码（表 3 – 2 – 9）。

表 3 – 2 – 9　加工程序数控 G 代码

程序号	程序说明
0001	

四、制定零件 4——笔筒模型主体下部分铣削加工工序卡

（1）在表 3 - 2 - 10 中,填写笔筒模型主体下部分铣削加工步骤和加工内容。

表 3 - 2 - 10   笔筒模型主体下部分铣削加工步骤

序号	操作步骤	加工内容	主要夹、量、刃具

（2）根据笔筒模型主体下部分工艺卡工序号和加工步骤，制定笔筒模型主体下部分零件铣削加工工序卡（表3-2-11），并把笔筒模型主体下部分完成图样绘制到工序卡的空白处。（注：数控加工时，填上G代码程序）

表3-2-11 笔筒模型主体下部分铣削加工工序卡

笔筒模型主体下部分工序卡	产品型号		零件图号	3-1-5	共1页	第1页
	产品名称	笔筒模型	零件名称	主体下部分		

车间	工序号	工序名称	材料牌号

毛坯种类	毛坯外形尺寸	每毛坯可制件数	每台件数

设备名称	设备型号	设备编号	同时加工件数

夹具编号		夹具名称	切削液

工位器具编号	工位器具名称	工序工时/min	
		准终	单件

工步号	工步内容	工艺装备	主轴转速/(r·min⁻¹)	切削速度/(m·min⁻¹)	进给量/(mm·r⁻¹)	切削深度/mm	进给次数	工步工时/s 机动	辅助

	设计（日期）	校对（日期）	审核（日期）	标准化（日期）	会签（日期）

（3）填写加工程序数控 G 代码（表 3 – 2 – 12）。

表 3 – 2 – 12 　加工程序数控 G 代码

程序号	程序说明
00001	

工学活动三　多功能笔筒模型加工

学习目标

1.能根据零件图纸正确领取材料。

2.能根据需要正确领取量具、刃具、夹具等。

3.能合理地在砂轮房刃磨所需要用到的刃具。

4.能严格遵守各机械设备的安全使用规范,并遵守车间6S管理要求。

5.在加工过程中做到爱护所使用的各种设备量具、刃具、夹具等;正确处置废油、液等废弃物;规范交接班和保养机床设备。

建议学时

30学时。

准备过程

一、填写领料单(表3-3-1)并领取材料

表3-3-1　领料单

领料部门			产品名称及数量			
领料单号			零件名称及数量			
材料名称	材料规格及型号	单位	数量		单价	总价
			请领	实发		
材料用途说明	材料仓库	主管	发料数量	领料部门	主管	领料数量

二、汇总量具、刃具、夹具清单(表3-3-2)并领取量具、刃具、夹具

表3-3-2　量具、刃具、夹具清单

序号	名称	型号规格	数量	需领用数量	备注

三、刃磨刃具

能根据多功能笔筒模型零件加工需要，合理刃磨各种车刀（外圆、内孔、螺纹、切断等），绘出车刀的几何形状及角度，并叙述内孔车刀与外圆车刀的差异。

四、完成多功能笔筒模型零件加工和质量检测

1. 多功能笔筒模型半月盘零件的加工

（1）按照加工工序卡和表3－3－3中的操作加工过程提示，在实训车间完成多功能笔筒模型半月盘的铣削加工。

表3－3－3　半月盘铣削加工操作过程

操作步骤	操作要点	备注
①加工前准备工作	a. 按操作规程，加工零件前检查各电气设施的手柄，传动部位、防护、限位装置是否齐全可靠、灵活，然后完成机床润滑，预热等准备工作。 b. 根据车间要求，合理放置毛坯料、刃具、量具、图样、工序卡等	
②半月盘铣削加工	a. 合理安装刃具。 b. 合理安装毛坯料。 c. 根据半月盘加工工序卡，规范操作铣床加工达到图纸要求，技师做好在线检测工件。 d. 根据检测表，合理检测加工后的半月盘零件	
③加工后整理工作	加工完毕后，正确放置零件，并进行产品交接确认，按照国家相关环保规定和车间6S要求，整理现场，正确处置废油等废弃物；按照车间规定做好交接工作	

（2）记录加工过程中出现的问题，并写出改进措施。

（3）对加工完成的多功能笔筒模型半月盘零件进行质量检测，并把检测结果填入表3－3－4中。

表3－3－4　质量检测表

序号	检测项目	检测内容	配分	检测要求	学生自评		组间互评		教师评价	
					自测	得分	检测	得分	检测	得分
1	外形/mm	39 ± 0.02	10	超差0.01扣5分						
2	内腔/mm	29 ± 0.02	10	超差0.01扣5分						

表 3 - 3 - 4（续）

序号	检测项目	检测内容	配分	检测要求	学生自评		组间互评		教师评价	
					自测	得分	检测	得分	检测	得分
3	孔距/mm	36 ± 0.02	10	超差 0.01 扣 5 分						
		4 ± 0.02								
4	孔/mm	$\phi3$	10	圆失真扣 10 分						
5	深度/mm	10 ± 0.02	10	超差 0.01 扣 5 分						
6	高度/mm	14.5	5	超差 0.01 扣 5 分						
7	倒角	表面及形状质量	5	锐角倒钝						
8	厚度/mm	5 ± 0.02	10	超差 0.01 扣 5 分						
9	表面粗糙度	Ra1.6	10	降一级扣 2 分						
10	时间/min	80	5	未按时完成全扣						
11	现场操作规范	遵守设备操作规程	5	违反操作规程按程度扣分						
12		正确使用工量具	5	工量具使用错误,每项扣 2 分						
13		合理保养设备	5	违反维护保养规程,每项扣 2 分						
合计（总分）			100	机床编号			总得分			
开始时间				结束时间			加工时间			

2. 多功能笔筒模型圆锥销零件的加工

（1）按照加工工序卡和表 3 - 3 - 5 中的操作加工过程提示,在实训车间完成多功能笔筒模型圆锥销的车削加工。

表 3 - 3 - 5　圆锥销的车削加工操作过程

操作步骤	操作要点	备注
①加工前准备工作	a. 按操作规程,加工零件前检查各电气设施的手柄、传动部位、防护、限位装置是否齐全可靠、灵活、然后完成机床润滑,预热等准备工作。 b. 根据车间要求,合理放置毛坯料、刃具、量具、图样、工序卡等	
②圆锥销车削加工	a. 合理安装刃具。 b. 合理安装毛坯料。 c. 根据圆锥销加工工序卡,规范操作车床加工达到图纸要求,技师做好在线检测工件。 d. 根据检测表,合理检测加工后的圆锥销零件	

表 3 - 3 - 5（续）

操作步骤	操作要点	备注
③加工后整理工作	加工完毕后,正确放置零件,并进行产品交接确认,按照国家环保相关规定和车间 6S 要求,整理现场,正确处置废油等废弃物;按照车间规定做好交接工作	

（2）记录加工过程中出现的问题,并写出改进措施。

（3）对加工完成的多功能笔筒模型圆锥销零件进行质量检测,并把检测结果填入表 3 - 3 - 6 中。

表 3 - 3 - 6

序号	检测项目	检测内容	配分	检测要求	学生自评		组间互评		教师评价	
					自测	得分	检测	得分	检测	得分
1	外形/mm	$\phi75$	10	超差 0.01 扣 5 分						
2		$\phi3 \pm 0.02$	15	超差 0.01 扣 5 分						
3		$\phi2 \pm 0.02$	15	超差 0.01 扣 5 分						
4	锐角倒钝	人工检查无锐边	10	锐角倒钝						
5	表面粗糙度	$Ra1.6$	20	降一级扣 5 分						
6	时间/min	60	10	未按时完成全扣						
7	现场操作规范	遵守设备操作规程	10	违反操作规程按程度扣分						
8		正确使用工量具	5	工量具使用错误,每项扣 2 分						
9		合理保养设备	5	违反维护保养规程,每项扣 2 分						
合计（总分）			100	机床编号				总得分		
开始时间				结束时间				加工时间		

3. 多功能笔筒模型主体上部分零件的加工

（1）按照加工工序卡和表3-3-7中的操作加工过程提示，在实训车间完成多功能笔筒模型主体上部分零件的铣削加工。

表3-3-7　笔筒模型主体上部分零件铣削加工操作过程

操作步骤	操作要点	备注
①加工前准备工作	a.按操作规程,加工零件前检查各电气设施的手柄,传动部位、防护、限位装置是否齐全可靠、灵活、然后完成机床润滑,预热等准备工作。 b.根据车间要求,合理放置毛坯料、刀具、量具、图样、工序卡等	
②上部分零件铣削加工	a.合理安装刀具。 b.合理安装毛坯料。 c.根据笔筒模型主体上部分零件加工工序,规范操作铣床加工达到图纸要求,技师做好在线检测工件。 d.根据检测表,合理检测加工后的笔筒模型主体上部分零件	
③加工后整理工作	加工完毕后,正确放置零件,并进行产品交接确认,按照国家相关环保规定和车间6S要求,整理现场,正确处置废油等废弃物;按照车间规定做好交接工作	

（2）记录加工过程中出现的问题,分析并写出改进措施。

（3）对加工完成的多功能笔筒模型主体上部分进行质量检测,并把检测结果填入表3-3-8中。

表3-3-8　质量检测表

序号	检测项目	检测内容	配分	检测要求	学生自评		组间互评		教师评价	
					自测	得分	检测	得分	检测	得分
1	外形/mm	80	5	超差0.01扣5分						
2		5±0.02	5	超差0.01扣5分						
3		33.5±0.02	5	超差0.01扣5分						
4		40±0.02	5	超差0.01扣5分						
5	高度/mm	10±0.02	5	超差0.01扣5分						
6		40	5	超差0.01扣5分						
7	锐角倒钝	人工检查无锐边	5	锐角倒钝						
8	高度/mm	30±0.02	5	超差0.01扣5分						
9		10±0.02	5	超差0.01扣5分						
10		7±0.02	5	超差0.01扣5分						
11	内腔/mm	30	5	超差0.01扣5分						
12		34±0.02	5	超差0.01扣5分						

表 3 – 3 – 8（续）

序号	检测项目	检测内容	配分	检测要求	学生自评		组间互评		教师评价	
					自测	得分	检测	得分	检测	得分
13	孔距/mm	36 ± 0.02	5	超差 0.01 扣 5 分						
14		4 ± 0.02	5	超差 0.01 扣 5 分						
15	孔/mm	$\phi 3$	5	圆失真扣 5 分						
16	表面粗糙度	Ra1.6	5	降一级扣 2 分						
17	时间/min	100	5	未按时完成全扣						
18	现场操作规范	遵守设备操作规程	5	违反操作规程按程度扣分						
19		正确使用工量具	5	工量具使用错误，每项扣 2 分						
20		合理保养设备	5	违反维护保养规程，每项扣 2 分						
合计（总分）			100	机床编号				总得分		
开始时间				结束时间				加工时间		

4. 多功能笔筒模型主体下部分零件的加工

（1）按照加工工序卡和表 3 – 3 – 9 中的操作加工过程提示，在实训车间完成多功能笔筒模型主体下部分零件的铣削加工。

表 3 – 3 – 9　多功能笔筒模型主体下部分零件加工操作过程

操作步骤	操作要点	备注
①加工前准备工作	a. 按操作规程，加工零件前检查各电气设施的手柄、传动部位、防护、限位装置是否齐全可靠、灵活、然后完成机床润滑，预热等准备工作。 b. 根据车间要求，合理放置毛坯料、刃具、量具、图样、工序卡等	
②主体下部分零件铣削加工	a. 合理安装刃具。 b. 合理安装毛坯料。 c. 根据笔筒模型主体下部分零件加工工序卡，规范操作铣床加工达到图纸要求，技师做好在线检测工件。 d. 根据检测表，合理检测加工后的笔筒模型主体下部分零件	
③加工后整理工作	加工完毕后，正确放置零件，并进行产品交接确认，按照国家环保相关规定和车间 6S 要求，整理现场，正确处置废油等废弃物；按照车间规定做好交接工作	

（2）记录加工过程中出现的问题，并写出改进措施。

（3）对加工完成的多功能笔筒模型主体下部分零件进行质量检测，并把检测结果填入表 3 – 3 – 10 中。

表 3 – 3 – 10　质量检测表

序号	检测项目	检测内容	配分	检测要求	学生自评		组间互评		教师评价	
					自测	得分	检测	得分	检测	得分
1	外形/mm	80	5	超差 0.01 扣 5 分						
2		50	5	超差 0.01 扣 5 分						
3		74 ± 0.02	5	超差 0.01 扣 5 分						
4		40 ± 0.02	5	超差 0.01 扣 5 分						
5		34 ± 0.02	5	超差 0.01 扣 5 分						
6		3 ± 0.02	5	超差 0.01 扣 5 分						
7		2 ± 0.02	5	超差 0.01 扣 5 分						
8	高度/mm	10 ± 0.02	5	超差 0.01 扣 5 分						
9		30 ± 0.02	5	超差 0.01 扣 5 分						
10	锐角倒钝	人工检查无锐边	5	锐角倒钝						
11	厚度	10 ± 0.02	5	超差 0.01 扣 5 分						
12		5 ± 0.02	5	超差 0.01 扣 5 分						
13	内腔/mm	30	5	超差 0.01 扣 5 分						
14	孔距/mm	36 ± 0.02	5	超差 0.01 扣 5 分						
15		4 ± 0.02	4	超差 0.01 扣 5 分						
16	孔/mm	$\phi 3$	4	圆失真扣 5 分						
17	表面粗糙度	$Ra1.6$	4	降一级扣 2 分						
18	时间/min	100	3	未按时完成全扣						
19	现场操作规范	遵守设备操作规程	5	违反操作规程按程度扣分						
20		正确使用工量具	5	工量具使用错误，每项扣 2 分						
21		合理保养设备	5	违反维护保养规程，每项扣 2 分						
合计（总分）			100	机床编号					总得分	
开始时间				结束时间					加工时间	

五、设备使用记录表及日常保养记录表

填写设备使用记录表(表3 – 3 – 11)和设备日常维护与保养记录表(表3 – 3 – 12)。

表3 – 3 – 11　设备使用记录表

仪器名称			型号	
生产厂家			管理人	
使用日期	时间	设备状态	使用人	备注
				(根据需要增加)

表 3 – 3 – 12　设备日常维护与保养记录表

年　　　月　　　部门：　　　　　机器名称：

周数	项目	日期					保养人	每月情况	备注
		1	2	3	4	5			
一	电源								
	清洁								
	防锈润滑								
二	电源								
	清洁								
	防锈润滑								
三	电源								
	清洁								
	防锈润滑								
四	电源								
	清洁								
	防锈润滑								
五	电源								
	清洁								
	防锈润滑								

注:"×"表示不合格;"⊗"表示合格;"○"表示维修合格。

工学活动四　多功能笔筒模型装配及误差分析

学习目标

1. 能正确规范组装多功能笔筒;
2. 能正确规范地检测多功能笔筒模型机构(部件)的整体质量;
3. 能根据多功能笔筒模型检测结果,分析误差产生的原因,并提出改进措施。

建议学时

4 学时。

学习过程

一、检测多功能笔筒模型质量

按照表3－4－1的内容检测多功能笔筒模型的质量。

表3－4－1　多功能笔筒模型质量检测表

序号	检测内容	检测方法	检测结果	结论
1	表面质量			
2	工件整洁			
3	配合精度			
4	形状精度			
5	尺寸精度			

注：多功能笔筒模型为艺术品，购买者注重表面质量、工件整洁、配合精度等；尺寸精度为专业技术要求。

二、误差分析

根据检测结果进行误差分析，将分析结果填入表3－4－2中。

表3－4－2　误差分析表

测量内容		零件名称		备注
测量工具和仪器		测量人员		
班级		日期		
测量目的				
测量步骤				
测量要领				

三、结论

将检测结论填入表 3 - 4 - 3 中。

表 3 - 4 - 3　检测结论分析表

质量问题	产生原因	改进措施	备注
外形尺寸误差			
形位误差			
表面粗糙度误差			
其他误差			

注:零件误差较大填写在表格,符合要求不写,多套零件不达要求,可另制表格填写。

工学活动五　工作总结与评价

学习目标

1. 能按分组的情况,分别派代表展示工作成果、说明本次任务的完成情况,并做分析总结。

2. 能结合自身任务的完成情况,正确规范撰写工作总结(心得体会)

3. 能就本次任务中出现的问题提出改进措施。

4. 能对学习与工作进行总结反思,并能与他人开展良好合作及沟通。

建议学时

2 学时。

学习过程

一、展示与评价

把制作好的多功能笔筒模型先进行分组展示,再由小组推荐代表做介绍,在介绍过程中,以组为单位进行评价;评价完成后,根据其他组员对本组展示成果的评价行为归纳总结。完成如下项目(在相应的括号里打"√")。

（1）展示的多功能笔筒模型符合技术标准吗？

合格（   ） 不良（   ） 返修（   ） 报废（   ）

（2）与其他组相比，你认为本小组的多功能笔筒模型工艺如何？

工艺优化（   ） 工艺合理（   ） 工艺一般（   ）

（3）本小组介绍成果表达是否清晰？

很好（   ） 一般，需要补充（   ） 不清晰（   ）

（4）本小组演示多功能笔筒模型检测方法操作正确吗？

正确（   ） 部分正确（   ） 不正确（   ）

（5）本小组演示的操作遵循6S管理的工作要求了吗？

符合工作要求（   ） 忽略了部分要求（   ） 完全没有遵循（   ）

（6）本小组成员的团员创新精神如何

良好（   ） 一般（   ） 不足（   ）

二、自评总结（心得体会）

三、教师评价

1. 找出各组的优点点评。

2. 对任务完成过程中各组的缺点进行点评，提出改进的方法。

3. 对整个任务完成过程中出现的亮点和不足进行点评。

四、评价表

该课程的评价考核改变单一的终结性评价的方法，采用教学过程考核与工作质量考核相结合的方法。其中，教学过程考核和工作质量考核两部分的比例为6：4。灵活多变的考核方式可以全面考核学生的学习效果。课程考核方式见表3－5－1及各个零件测评的"质量检测表"。

表3-5-1　工学任务评价表(小组)

班级:_____　小组:_____

项目	自我评价			小组评价			教师评价			备注
	8~10	5~7	1~4	8~10	5~7	1~4	8~10	5~7	1~4	
	占总评分10%			占总评分30%			占总评分60%			
工学活动一										
工学活动二										
工学活动三										
工学活动四										
工学活动五										
协作精神										
纪律观念										
表达能力										
工作态度										
拓展能力										
总评										

注:学生个人总评分 = 小组总评分×60% + 质量检测表平均分×40%。

学习任务四　台灯模型的制作

职业能力目标

1. 能准确分析台灯模型零件图纸,制定工艺卡,并填写加工进度。

2. 能结合生产车间设备的实际情况,查阅工具书等资料,正确、规范制定加工步骤,具备一定分析加工工艺的能力。

3. 能分析对应物资需求,向车间仓管人员领取必要的材料和量具、刃具、夹具。

4. 能严格遵守设备操作规程完成台灯模型的加工;能独立对已加工零件进行尺寸等方面的检测;如有检测误差能提出改进意见。

5. 遵守车间6S管理制度,严格进行安全文明生产,合理保养、维护量具、刃具、夹具及设备;能规范地填写设备使用记录表。

6. 配件加工完成后,能按要求对零件进行组装,并检测整体零件误差;分析整体误差产生原因,提出改进意见。

职业核心能力目标

1. 能根据装配信息,对零件加工实际情况进行总结反思;
2. 具备良好团队合作意识及沟通能力。

建议学时

52学时。

工作情景描述(体现工学一体)

某设计公司设计了一套台灯模型,委托我单位加工制造,数量为10套,工期为15天,客户提供样件、图样(图4-1-0)和材料。现生产部门安排数控车、铣机械加工组完成此任务。

图4-1-0　台灯模型图样

工学流程与活动

1. 台灯模型加工任务分析(获取资讯(6 学时))
2. 台灯模型加工工序编制(计划、决策(10 学时))
3. 台灯模型加工(实施(30 学时))
4. 台灯模型装配及误差分析(检查(4 学时))
5. 工作总结与评价(评价(2 学时))

工学活动一　台灯模型加工任务分析

学习目标

1. 认识台灯模型加工材料;
2. 学习台灯模型加工的生产纲领;
3. 掌握台灯模型加工工序。

建议学时

6 学时。

学习过程

领取台灯模型的生产任务单、零件图样和工艺卡,确定本次任务的加工内容。

一、阅读生产任务单

1. 生产任务单(表 4-1-1)

表 4-1-1　生产任务单

需方单位(客户)名称				交货期时间		订金交付后 15 天	
序号	产品名称	材料	数量(单位:套)	技术标准、质量要求		备注	
1	台灯模型	硬铝(4A01)	10	按所附图纸技术要求加工			
2							
3							
接单时间	年　月　日		接单人		QC(质检员)		
交付订金时间	年　月　日		经手人				
通知任务时间	年　月　日		发单人		生产班组		数控机械加工组

2. 台灯在生活中的主要用途和种类

（1）台灯的主要用途有哪些？

（2）台灯的种类有哪些？

二、分析零件图样

1. 分析零件1——台灯模型底座图样（图4-1-1）

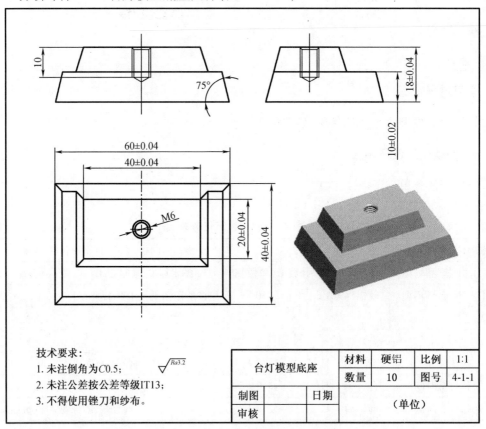

技术要求：

1. 未注倒角为C0.5；$\sqrt{Ra3.2}$
2. 未注公差按公差等级IT13；
3. 不得使用锉刀和纱布。

台灯模型底座		材料	硬铝	比例	1:1
		数量	10	图号	4-1-1
制图		日期		（单位）	
审核					

图4-1-1　台灯模型底座图样

（1）简述台灯底座的结构组成及各部分的作用。

（2）计算 M6 内螺纹的大径、小径和中径。

（3）为什么螺纹两端要倒角？

2. 分析零件 2——台灯模型支架 1 图样（图 4 - 1 - 2）

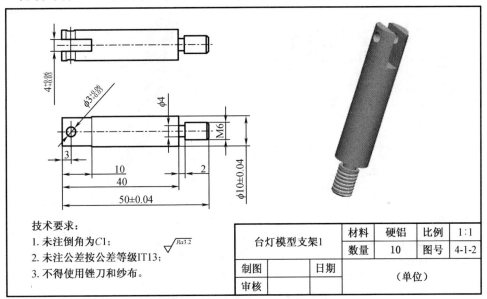

技术要求：
1. 未注倒角为 $C1$；
2. 未注公差按公差等级IT13；
3. 不得使用锉刀和纱布。

$\sqrt{Ra3.2}$

台灯模型支架1		材料	硬铝	比例	1:1
		数量	10	图号	4-1-2
制图		日期		（单位）	
审核					

图 4 - 1 - 2　台灯模型支架 1 图样

（1）简述台灯模型支架 1 的结构组成及各部分的作用。

（2）简述 $\phi 3^{+0.06}_{+0.03}$ mm 孔的作用。

（3）简述 $\phi4$ mm 槽的作用。

（4）计算 M6 外螺纹的大径、小径和中径。

3. 分析零件3——台灯模型支架2图样（图4-1-3）

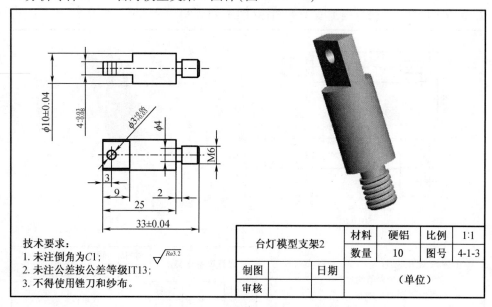

技术要求：
1. 未注倒角为C1；
2. 未注公差按公差等级IT13；
3. 不得使用锉刀和纱布。

$\sqrt{Ra3.2}$

台灯模型支架2		材料	硬铝	比例	1:1
		数量	10	图号	4-1-3
制图		日期			
审核				（单位）	

图 4-1-3   台灯模型支架 2 图样

（1）台灯模型支架 2 的结构组成及各部分的作用。

（2）简述支架 2 尺寸 9 mm 与支架 1 尺寸 10 mm 之间尺寸控制的必要性。

（3）叙述 $\phi3^{+0.06}_{+0.03}$ mm 孔的位置、尺寸及其用途。

4. 分析零件 4——台灯模型灯头图样（图 4 − 1 − 4）

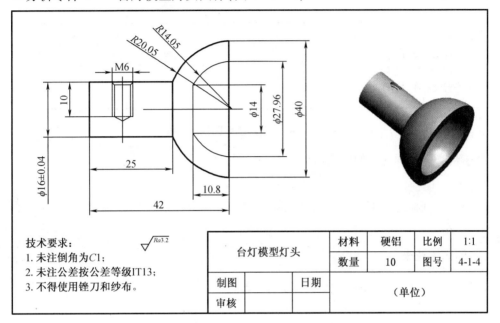

台灯模型灯头		材料	硬铝	比例	1:1
		数量	10	图号	4-1-4
制图		日期		（单位）	
审核					

技术要求：

1. 未注倒角为C1；
2. 未注公差按公差等级IT13；
3. 不得使用锉刀和纱布。

$\sqrt{Ra3.2}$

图 4 − 1 − 4　台灯模型灯头图样

（1）简述台灯模型灯头的结构组成及各部分的作用。

（2）根据灯头图样，绘出所选择的内孔车刀的几何形状。

（3）根据灯头图样，叙述所选择的麻花钻的类型及目的。

5. 分析零件5——台灯模型圆柱销图样(图4-1-5)

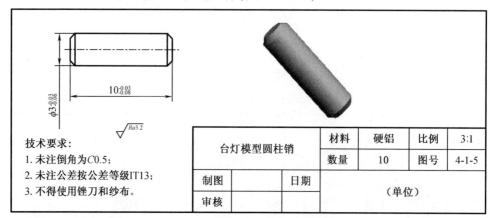

技术要求：
1. 未注倒角为C0.5；
2. 未注公差按公差等级IT13；
3. 不得使用锉刀和纱布。

台灯模型圆柱销		材料	硬铝	比例	3:1
		数量	10	图号	4-1-5
制图		日期		（单位）	
审核					

图4-1-5　台灯模型圆柱销图样

简述台灯模型圆柱销的结构组成及作用。

三、阅读工艺卡

1. 识读零件1——台灯模型底座工艺卡(表4-1-2)

表4-1-2　台灯模型底座工艺卡

单位名称		产品名称		台灯模型		图号		4-1-1
		零件名称		底座	数量	10		第1页
材料种类	硬铝	材料牌号	4A01	毛坯尺寸	65 mm×45 mm×20 mm 铝块			共1页
工序号	工序内容	车间	设备	工具			计划工时/min	实际工时/min
				夹具	量具	刃具		
01	铣平面，控制尺寸	第四车间	数控铣床	平口钳	带表游标卡尺	端铣刀	10	
02	铣斜面	第四车间	数控铣床	平口钳	万能角度尺	球头铣刀	20	
03	钻M6螺纹孔、倒角	第四车间	数控铣床	平口钳	带表游标卡尺	麻花钻	10	
04	攻螺纹	第四车间	数控铣床	平口钳	螺纹样板	丝锥	30	
05	去毛刺	第四车间	数控铣床	平口钳	—	锉刀	2	
更改号			拟定		校正		审核	批准
更改者								
日期								

（1）结合工艺卡及自身认识，分析此零件适合采用什么设备加工，并列出加工所需的刃具。

（2）根据加工要求，说明加工过程中使用了什么辅助夹具，为什么？

（3）根据图样与工艺分析，在表4－1－3中列出加工台灯模型底座所使用的刃具、夹具及量具的名称、型号规格和用途。

表4－1－3　加工台灯模型底座的刃具、夹具及量具

类别	名称	型号规格	用途
刃具			
夹具			
量具			

2. 识读零件2——台灯模型支架1工艺卡(表4-1-4)

表4-1-4 台灯模型支架1工艺卡

单位名称		产品名称		台灯模型		图号		4-1-2
		零件名称		支架1	数量		10	第1页
材料种类	硬铝	材料牌号	4A01	毛坯尺寸		ϕ12 mm 铝条		共1页
工序号	工序内容	车间	设备	工具			计划工时 /min	实际工时 /min
				夹具	量具	刃具		
01	粗、精加工ϕ10 mm、ϕ6 mm 外圆并倒角	第三车间	数控车床	三爪卡盘	带表游标卡尺	右偏刀	20	
02	ϕ4 mm 外圆切槽	第三车间	数控车床	三爪卡盘	带表游标卡尺	切槽刀	10	
03	车螺纹	第三车间	数控车床	三爪卡盘	螺纹样板	螺纹刀	10	
04	铣通槽	第四车间	数控铣床	平口钳	带表游标卡尺	立铣刀	10	
05	钻孔	第四车间	数控铣床	平口钳	带表游标卡尺	麻花钻	10	
06	去毛刺	第四车间	数控铣床	平口钳	—	锉刀	2	
更改号			拟定		校正		审核	批准
更改者								
日期								

(1)结合工艺卡及自身认识,分析此零件适合采用什么设备加工,并列出加工所需的刃具。

(2)根据加工要求,说明加工过程中使用了什么辅助夹具,为什么?

(3)根据图样与工艺分析,在表4-1-5中列出加工台灯支架1所使用的刃具、夹具及量具的名称、型号规格和用途。

表 4 - 1 - 5　加工台灯模型支架 1 的刃具、夹具及量具

类别	名称	型号规格	用途
刃具			
夹具			
量具			

3. 识读零件 3——台灯模型支架 2 工艺卡(表 4 - 1 - 6)

表 4 - 1 - 6　台灯模型支架 2 工艺卡

单位名称		产品名称		台灯模型		图号		4 - 1 - 3
		零件名称		支架 2	数量	10		第 1 页
材料种类	硬铝	材料牌号	4A01	毛坯尺寸		12 mm 铝条		共 1 页
工序号	工序内容	车间	设备	工具			计划工时 /min	实际工时 /min
				夹具	量具	刃具		
01	粗、精加工 ϕ10 mm、ϕ6 mm 外圆并倒角	第三车间	数控车床	三爪卡盘	带表游标卡尺	右偏刀	20	
02	ϕ4 mm 外圆切槽	第三车间	数控车床	三爪卡盘	带表游标卡尺	切槽刀	10	
03	车螺纹	第三车间	数控车床	三爪卡盘	螺纹样板	螺纹刀	10	
04	铣台阶	第四车间	数控铣床	平口钳	带表游标卡尺	立铣刀	10	
05	钻孔	第四车间	数控铣床	平口钳	带表游标卡尺	麻花钻	10	
06	去毛刺	第四车间	数控铣床	平口钳	—	锉刀	2	
更改号			拟定		校正		审核	批准
更改者								
日期								

（1）结合工艺卡及自身认识，分析此零件适合采用什么设备加工，并列出加工所需的刃具。

（2）根据加工要求，说明加工过程中使用了什么辅助夹具，为什么？

（3）根据图样与工艺分析，在表4－1－7中列出加工台灯模型支架2所使用的刃具，夹具及量具的名称、型号规格和用途。

表4－1－7　加工台灯模型支架2的刃具、夹具及量具

类别	名称	型号规格	用途
刃具			
夹具			
量具			

4. 识读零件4——台灯模型灯头工艺卡(表4–1–8)

表4–1–8　台灯模型灯头工艺卡

单位名称		产品名称		台灯模型		图号		4–1–4
		零件名称		灯头	数量	10		第1页
材料种类	硬铝	材料牌号	4A01	毛坯尺寸		45 mm 铝条		共1页
工序号	工序内容	车间	设备	工具			计划工时/min	实际工时/min
				夹具	量具	刀具		
01	外圆粗、精加工	第三车间	数控车床	三爪卡盘	带表游标卡尺	外圆车刀	10	
02	切断	第三车间	数控车床	三爪卡盘	带表游标卡尺	切断刀	15	
03	钻孔	第三车间	数控车床	三爪卡盘	带表游标卡尺	麻花钻	15	
04	车内孔	第三车间	数控车床	三爪卡盘	带表游标卡尺	内孔车刀	20	
05	钻孔	第四车间	数控铣床	平口钳	带表游标卡尺	麻花钻	5	
06	攻螺纹	第四车间	数控铣床	平口钳	螺纹样板	丝锥	15	
07	去毛刺	第四车间	数控铣床	平口钳	—	锉刀	2	
更改号			拟定		校正		审核	批准
更改者								
日期								

　　(1)结合工艺卡及自身认识,分析此零件适合采用什么设备加工,并列出加工所需的刀具。

　　(2)根据加工要求,说明加工过程中使用了什么辅助夹具,为什么?

（3）根据图样与工艺分析，在表4-1-9中列出加工台灯模型灯头所使用的刃具、夹具及量具的名称、型号规格和用途。

表4-1-9　加工台灯模型灯头的刃具、夹具及量具

类别	名称	型号规格	用途
刃具			
夹具			
量具			

5. 识读零件5——台灯模型圆柱销工艺卡（表4-1-10）

表4-1-10　台灯模型圆柱销工艺卡

单位名称		产品名称		台灯模型		图号		4-1-5
		零件名称		圆柱销	数量	10		第1页
材料种类	硬铝	材料牌号	4A01	毛坯尺寸		5 mm 铝条		共1页
工序号	工序内容	车间	设备	工具 夹具	量具	刃具	计划工时/min	实际工时/min
01	外圆粗、精加工	第三车间	数控车床	三爪卡盘	带表游标卡尺	外圆车刀	10	
02	切断	第三车间	数控车床	三爪卡盘	带表游标卡尺	切断刀	15	
03	倒角	第三车间	数控车床	三爪卡盘	带表游标卡尺	外圆车刀	5	
04	去毛刺	第三车间	数控车床	三爪卡盘	—	锉刀	2	
更改号			拟定		校正		审核	批准
更改者								
日期								

(1)结合工艺卡及自身认识,分析此零件适合采用什么设备加工,并列出加工所需的刃具。

(2)根据加工要求,说明加工过程中使用了什么辅助夹具,为什么?

(3)根据图样与工艺分析,在表4-1-11 中列出加工台灯模型圆柱销所使用的刃具、夹具及量具的名称、型号规格和用途。

表4-1-11 加工台灯模型圆柱销的刃具、夹具及量具

类别	名称	型号规格	用途
刃具			
夹具			
量具			

四、制定工作进度计划

本生产任务工期为 15 天,依据任务要求,制定合理的工作进度计划,并根据小组成员的特点进行分工。工作进度安排及分工表如表 4 - 1 - 12 所示。

表 4 - 1 - 12　工作进度安排及分工

序号	工作内容	时间	成员	负责人

工学活动二　台灯模型加工工序编制

学习目标

1. 能分析零件图纸确定台灯模型各零件在数控铣床或者在数控车床上的加工步骤;

2. 能依据加工步骤,结合车间设备实际查阅切削手册,正确、规范制定零件的铣削或车削加工工序卡。

建议学时

10 学时。

学习过程

一、制定零件 1——台灯模型底座铣削加工工序卡

(1)在表 4 - 2 - 1 中,结合台灯模型底座铣削加工步骤和图例填写操作内容。

表 4 - 2 - 1　台灯模型底座铣削加工步骤

序号	操作步骤	加工内容	主要的夹、量、刃具
1			
2			
3			
4			
5			

（2）根据台灯模型底座工艺卡工序号和加工步骤，制定零件铣削加工工序卡（表4-2-2），并把零件加工完成图样绘制到工序卡的空白处。（注：数控加工时，填上G代码程序）

表4-2-2 台灯模型底座加工工序卡

台灯底座工序卡	产品型号		零件图号	4-1-1	共1页	第1页
	产品名称	台灯	零件名称	台灯底座		

	车间	工序号	工序名称	材料牌号
	毛坯种类	毛坯外形尺寸	每毛坯可制件数	每台件数
	设备名称	设备型号	设备编号	同时加工件数
	夹具编号		夹具名称	切削液

	工位器具编号	工位器具名称	工序工时/min	
			准终	单件

工步号	工步内容	工艺装备	主轴转速/(r·min⁻¹)	切削速度/(m·min⁻¹)	进给量/(mm·r⁻¹)	切削深度/mm	进给次数	工步工时/s	
								机动	辅助

设计（日期）	校对（日期）	审核（日期）	标准化（日期）	会签（日期）

(3)填写加工程序数控 G 代码(表 4 – 2 – 3)。

表 4 – 2 – 3　加工程序数控 G 代码

程序号	程序说明
O0001	

二、制定零件2——支架1车削加工工序卡

（1）在表4-2-4中，结合支架1加工步骤和图例填写操作内容。

表4-2-4   支架1的车削加工步骤

序号	操作步骤	加工内容	主要的夹、量、刃具
1			
2			
3			
4			
5			
6			
7			

（2）根据支架 1 工艺卡工序号和加工步骤，制定支架 1 加工工序卡（表 4 - 2 - 5），并把支架 1 的完整图样绘制到工序卡的空白处（注：数控加工时，填上 G 代码程序）。

表 4 - 2 - 5　支架 1 加工工序卡

支架 1 工序卡	产品型号		零件图号	4 - 1 - 2	共 1 页	第 1 页
	产品名称	台灯	零件名称	支架 1		

车间	工序号	工序名称	材料牌号

毛坯种类	毛坯外形尺寸	每毛坯可制件数	每台件数

设备名称	设备型号	设备编号	同时加工件数

夹具编号		夹具名称	切削液

工位器具编号	工位器具名称	工序工时/min	
		准终	单件

工步号	工步内容	工艺装备	主轴转速 /(r·min⁻¹)	切削速度 /(m·min⁻¹)	进给量 /(mm·r⁻¹)	切削深度 /mm	进给次数	工步工时/s	
								机动	辅助

	设计（日期）	校对（日期）	审核（日期）	标准化（日期）	会签（日期）

（3）填写加工程序数控 G 代码（表 4 - 2 - 6）。

表 4 - 2 - 6　加工程序数控 G 代码

程序号	程序说明
00001	

三、制定零件3——台灯模型支架2加工工序卡

（1）在表4-2-7中,结合台灯模型支架2加工步骤和图例填写操作内容。

表4-2-7　台灯模型支架2的加工步骤

序号	操作步骤	加工内容	主要夹、量、刃具
1			
2			
3			
4			
5			
6			

（2）根据台灯模型支架2工艺卡工序号和加工步骤，制定零件加工工序卡（表4-2-8），并把零件加工完成图样绘制到工序卡的空白处。（注：数控加工时，填写 G 代码程序）

表4-2-8　台灯模型支架2加工工序卡

台灯模型支架2 工序卡		产品型号		零件图号	4-1-3	共1页	第1页
		产品名称	台灯	零件名称	支架2		
		车间	工序号		工序名称	材料牌号	
		毛坯种类	毛坯外形尺寸		每毛坯可制件数	每台件数	
		设备名称	设备型号		设备编号	同时加工件数	
		夹具编号			夹具名称	切削液	
		工位器具编号	工位器具名称		工序工时/min		
					准终	单件	

工步号	工步内容	工艺装备	主轴转速 /(r·min⁻¹)	切削速度 /(m·min⁻¹)	进给量 /(mm·r⁻¹)	切削深度 /mm	进给次数	工步工时/s	
								机动	辅助
	设计（日期）		校对（日期）		审核（日期）		标准化（日期）		会签（日期）

（3）填写加工程序数控 G 代码（表 4 - 2 - 9）。

表 4 - 2 - 9　加工程序数控 G 代码

程序号	程序说明
00001	

四、制定零件4——台灯模型灯头加工工序卡

（1）在表4-2-10中，结合台灯模型灯头加工步骤和图例填写操作内容。

表4-2-10　台灯模型灯头加工步骤

序号	操作步骤	加工内容	主要夹、量、刃具
1			
2			
3			
4			
5			
6			

（2）根据灯头工艺卡工序号和加工步骤,制定灯头零件加工工序卡(表4－2－11),并把灯头完成图样绘制到工序卡片的空白处。(注:数控加工时,填写G代码程序)

表4－2－11 灯头加工工序卡

灯头工序卡	产品型号		零件图号	4－1－4	共1页	第1页
	产品名称	台灯	零件名称	灯头		

车间	工序号	工序名称	材料牌号
毛坯种类	毛坯外形尺寸	每毛坯可制件数	每台件数
设备名称	设备型号	设备编号	同时加工件数
夹具编号		夹具名称	切削液

工位器具编号	工位器具名称	工序工时/min	
		准终	单件

工步号	工步内容	工艺装备	主轴转速/(r·min⁻¹)	切削速度/(m·min⁻¹)	进给量/(mm·r⁻¹)	切削深度/mm	进给次数	工步工时/s	
								机动	辅助

	设计(日期)	校对(日期)	审核(日期)	标准化(日期)	会签(日期)

（3）填写加工程序数控 G 代码（表 4 - 2 - 12）。

表 4 - 2 - 12　加工程序数控 G 代码

程序号	程序说明
00001	

五、制定零件5——台灯模型圆柱销加工工序卡

（1）在表4-2-13中,结合台灯模型圆柱销加工步骤和图例填写操作内容。

表4-2-13 台灯模型圆柱销加工步骤

序号	操作步骤	加工内容	主要夹、量、刃具
1			
2			
3			
4			
5			
6			

（2）根据圆柱销工艺卡工序号和加工步骤，制定圆柱销加工工序卡（表4-2-14），并把圆柱销完成图样绘制到工序卡的空白处。（注：数控加工时，填写 G 代码程序）

表4-2-14　圆柱销加工工序卡

圆柱销 工序卡片	产品型号		零件图号	4-1-5	共1页		第1页
	产品名称	台灯	零件名称	圆柱销			

	车间		工序号		工序名称		材料牌号
	毛坯种类		毛坯外形尺寸		每毛坯可制件数		每台件数
	设备名称		设备型号		设备编号		同时加工件数
	夹具编号			夹具名称			切削液
	工位器具编号		工位器具名称		工序工时/min		
					准终		单件

工步号	工步内容	工艺装备	主轴转速 /(r·min⁻¹)	切削速度 /(m·min⁻¹)	进给量 /(mm·r⁻¹)	切削深度 /mm	进给次数	工步工时/s	
								机动	辅助

	设计（日期）	校对（日期）	审核（日期）	标准化（日期）	会签（日期）

（3）填写加工程序数控 G 代码（表 4 - 2 - 15）。

表 4 - 2 - 15 加工程序数控 G 代码

程序号	程序说明
00001	

工学活动三　台灯模型加工

学习目标

1.能按照零件图纸要求正确领取材料
2.能依据加工需要正确领取量具、刃具、夹具等。
3.能严格遵守各机械设备的安全使用规范,并遵守车间6S管理要求。
4.掌握在砂轮房刃磨所需要刀(刃)具技巧。
5.加工中能爱护所使用的各种设备,量具、夹具等;正确处置废油液等废弃物;规范地交接班和保养机床设备。

建议学时

30学时。

准备过程

一、填写领料单(表4-3-1)并领取材料

表4-3-1　领料单

领料部门			产品名称及数量		
领料单号			零件名称及数量		
材料名称	材料规格及型号	单位	数量		单价	总价
			请领	实发		
材料用途说明	材料仓库	主管	发料数量	领料部门	主管	领料数量

二、汇总量具、刃具、夹具清单(表4-3-2)并领取量具、刃具、夹具

表4-3-2　量具、刃具、夹具清单

序号	名称	型号规格	数量	需领用数量
1				
2				
3				
4				
5				
6				
7				

表4-3-2(续)

序号	名称	型号规格	数量	需领用数量
8				
9				
10				
11				
12				
13				
14				

三、刃磨刃具

能根据台灯模型各零件的加工需要,合理刃磨各种车刀(外圆、内孔、螺纹、切断等),绘出车刀的几何形状及角度,并叙述内孔车刀与外圆车刀的差异。

四、完成台灯模型零件加工和质量检测

1. 台灯模型底座的加工

(1)按照加工工序卡和表4-3-3中的操作加工过程提示,在实训车间完成台灯模型底座的铣削加工。

表4-3-3　台灯模型底座铣削操作过程

操作步骤	操作要点
①加工前准备工作	a. 安全操作规程,加工零件前检查各电气设备的手柄、传动部件、防护、限位装置是否齐全可靠、灵活,然后完成机床润滑、预热等准备工作。 b. 根据车间要求,合理放置毛坯料、刃具、量具、图样、工序卡等
②铣削加工	a. 合理安装刃具。 b. 合理装夹毛坯料。 c. 根据台灯模型底座铣削加工工序卡,规范操作铣床铣削台灯模型底座达到图样的要求,及时合理地做好在线加工检测工作。 d. 根据检测表,合理检测铣削完成的台灯模型底座
③加工后整理工作	加工完毕后,正确放置零件,并进行产品交接确认,按照国家相关环保规定和车间6S管理要求,整理现场,正确放置废水、废液等废弃物;按车间规定填写设备使用记录

（2）记录加工过程中出现的问题，并写出改进措施。

（3）对加工完成的台灯模型底座零件进行质量检测，并将检测结果填入表4-3-4中。

表4-3-4   质量检测表

序号	检测项目	检测内容	配分	检测要求	学生自评		组间互评		教师评价	
					自测	得分	检测	得分	检测	得分
1	外形/mm	60±0.04	8	超差0.01扣4分						
2		40±0.04	8	超差0.01扣4分						
3		40±0.04	8	超差0.01扣4分						
4		20±0.04	8	超差0.01扣4分						
5		18±0.04	8	超差0.01扣4分						
6		10±0.02	8	超差0.01扣4分						
7	螺纹孔/mm	M6	8	M6螺纹样板						
8	倒角	C0.5	8	一处不合格扣2分						
9	表面粗糙度	Ra3.2	8	降一级扣4分						
10	时间/min	45	10	未按时完成全扣						
11	现场操作规范	遵守设备操作规程	6	违反操作规程按程度扣分						
12		正确使用工量具	6	工量具使用错误，每项扣2分						
13		合理保养设备	6	违反维护保养规程，每项扣2分						
合计（总分）			100	机床编号				总得分		
开始时间				结束时间				加工时间		

（4）填写加工程序数控 G 代码（表 4 - 3 - 5）（对应数控系统型号）。

表 4 - 3 - 5　加工程序数控 G 代码

程序号	程序说明
00001	

2. 台灯模型支架 1 的加工

（1）按照加工工序卡和表 4 - 3 - 6 中的操作加工过程提示，在实训车间完成台灯模型支架 1 的加工。

表 4 - 3 - 6　台灯模型支架 1 的加工操作过程

操作步骤	操作要点
①加工前准备工作	a. 安全操作规程，加工零件前检查各电气设备的手柄、传动部件、防护、限位装置是否齐全可靠、灵活，然后完成机床润滑、预热等准备工作。 b. 根据车间要求，合理放置毛坯料、刃具、量具、图样、工序卡等
②机床加工	a. 合理安装刃具。 b. 合理装夹毛坯料。 c. 根据台灯模型支架 1 的加工工序卡，规范操作数控机床加工台灯模型支架 1 达到图样的要求，及时合理地做好在线加工检测工作。 d. 根据检测表，合理检测加工完成的台灯模型支架 1
③加工后整理工作	加工完毕后，正确放置零件，并进行产品交接确认，按照国家相关环保规定和车间6S 管理要求，整理现场，正确放置废水、废液等废弃物；按车间规定填写交接班记录

（2）记录加工过程中出现的问题，并分析写出改进措施。

（3）对加工完成的台灯模型支架 1 进行质量检测，并把检测结果填入表 4 - 3 - 7 中。

表 4 - 3 - 7　质量检测表

序号	检测项目	检测内容	配分	检测要求	学生自评		组间互评		教师评价	
					自测	得分	检测	得分	检测	得分
1	外形/mm	$4^{+0.06}_{+0.03}$	14	超差 0.01 扣 5 分						
2		$\phi 3^{+0.06}_{+0.03}$	14	超差 0.01 扣 5 分						
3		$\phi 10 \pm 0.04$	10	超差 0.01 扣 5 分						
4	长度/mm	50 ± 0.04	10	超差 0.01 扣 5 分						
5	倒角	$C1$	10	一处不合格扣 2 分						
6	表面粗糙度	$Ra3.2$	10	降一级扣 2 分						
7	时间/min	30	8	未按时完成全扣						

表4-3-7(续)

序号	检测项目	检测内容	配分	检测要求	学生自评		组间互评		教师评价	
					自测	得分	检测	得分	检测	得分
8	现场操作规范	遵守设备操作规程	8	违反操作规程按程度扣分						
9		正确使用工量具	8	工量具使用错误,每项扣2分						
10		合理保养设备	8	违反维护保养规程,每项扣2分						
合计(总分)			100	机床编号			总得分			
开始时间				结束时间			加工时间			

(4)填写加工程序数控G代码(表4-2-8)(对应数控系统型号)。

表4-2-8 加工程序数控G代码

程序号	程序说明
00001	

3. 台灯模型支架 2 的加工

(1)按照加工工序卡和表 4 - 3 - 9 中操作加工过程提示,在实训车间完成台灯模型支架 2 的车削加工。

表 4 - 3 - 9　台灯模型支架 2 操作过程

操作步骤	操作要点
①加工前准备工作	a. 安全操作规程,加工零件前检查各电气设备的手柄、传动部件、防护、限位装置是否齐全可靠、灵活,然后完成机床润滑、预热等准备工作。 b. 根据车间要求,合理放置毛坯料、刃具、量具、图样、工序卡等
②机床加工	a. 合理安装刃具。 b. 合理装夹毛坯料。 c. 根据台灯模型支架 2 车削加工工序卡,规范操作机床加工台灯模型支架 2 达到图样的要求,及时合理地做好在线加工检测工作。 d. 根据检测表,合理检测车削完成的台灯模型支架 2。
③加工后整理工作	加工完毕后,正确放置零件,并进行产品交接确认,按照国家相关环保规定和车间 6S 管理要求,整理现场,正确放置废水、废液等废弃物;按车间规定填写交接班记录

(2)记录加工过程中出现的问题,并写出改进措施。

(3)对加工完成的台灯模型支架 2 进行质量检测,并把检测结果填入表 4 - 3 - 10 中。

表 4 - 3 - 10　质量检测表

序号	检测项目	检测内容	配分	检测要求	学生自评		组间互评		教师评价	
					自测	得分	检测	得分	检测	得分
1	外形/mm	$\phi 10 \pm 0.04$	10	超差 0.01 扣 5 分						
2		$4_{-0.08}^{-0.03}$	10	超差 0.01 扣 5 分						
3		$\phi 3_{+0.03}^{+0.06}$	10	超差 0.01 扣 5 分						
4		33 ± 0.04	10	超差 0.01 扣 5 分						
5	外螺纹/mm	M6	10	超差 0.01 扣 5 分						
6	倒角	$C1$	10	一处不合格扣 2 分						
7	表面粗糙度	$Ra3.2$	8	降一级扣 2 分						
8	时间/min	60	8	未按时完成全扣						

表 4 – 3 – 10（续）

序号	检测项目	检测内容	配分	检测要求	学生自评		组间互评		教师评价	
					自测	得分	检测	得分	检测	得分
9	现场操作规范	遵守设备操作规程	8	违反操作规程按程度扣分						
10		正确使用量具	8	工量具使用错误,每项扣2分						
11		合理保养设备	8	违反维护保养规程,每项扣2分						
合计(总分)			100	机床编号				总得分		
开始时间				结束时间				加工时间		

（4）填写加工程序数控 G 代码（表 4 – 3 – 11）（对应数控系统型号）。

表 4 – 3 – 11　加工程序数控 G 代码

程序号	程序说明
00001	

4.台灯模型灯头的加工

（1）按照加工工序卡和表4－3－12中的操作加工过程提示，在实训车间完成台灯模型灯头的机床加工。

表4－3－12　台灯模型灯头机床操作过程

操作步骤	操作要点
①加工前准备工作	a. 安全操作规程，加工零件前检查各电气设备的手柄、传动部件、防护、限位装置是否齐全可靠、灵活，然后完成机床润滑、预热等准备工作。 b. 根据车间要求，合理放置毛坯料、刃具、量具、图样、工序卡等
②机床加工	a. 合理安装刃具。 b. 合理装夹毛坯料。 c. 根据台灯模型灯头加工工序卡，规范操作机床加工台灯模型灯头达到图样的要求，及时合理地做好在线加工检测工作。 d. 根据检测表，合理检测加工完成的台灯模型灯头
③加工后整理工作	加工完毕后，正确放置零件，并进行产品交接确认，按照国家相关环保规定和车间6S管理要求，整理现场，正确放置废水、废液等废弃物；按车间规定填写交接班记录

（2）记录加工过程中出现的问题，并写出改进措施。

（3）对加工完成的台灯模型灯头进行质量检测，并把检测结果填入表4－3－13中。

表4－3－13　质量检测表

序号	检测项目	检测内容	配分	检测要求	学生自评		组间互评		教师评价	
					自测	得分	检测	得分	检测	得分
1	外形/mm	$\phi16 \pm 0.04$	10	超差0.01扣5分						
2		25	10	IT13超差不得分						
3		10	10	IT13超差不得分						
4		42	10	IT13超差不得分						
5	孔深/mm	孔深10	10	IT13超差不得分						
6	倒角	$C1$	10	锐角倒钝						
7	圆弧	2处	10	形状、尺寸不超差						
8	表面粗糙度	$Ra3.2$	6	降一级扣2分						
9	时间/min	60	6	未按时完成全扣						

表 4 – 3 –13(续)

序号	检测项目	检测内容	配分	检测要求	学生自评		组间互评		教师评价	
					自测	得分	检测	得分	检测	得分
10	现场操作规范	遵守设备操作规程	6	违反操作规程按程度扣分						
11		正确使用工量具	6	工量具使用错误,每项扣 2 分						
12		合理保养设备	6	违反维护保养规程,每项扣 2 分						
合计(总分)			100	机床编号				总得分		
开始时间				结束时间				加工时间		

(4)填写加工程序数控 G 代码(表 4 – 3 –14)(对应数控系统型号)。

表 4 –3 –14 加工程序数控 G 代码

程序号	程序说明
00001	

5. 台灯模型圆柱销的加工

（1）按照加工工序卡和表 4 - 3 - 15 中的操作加工过程提示，在实训车间完成台灯模型圆柱销的车削加工。

表 4 - 3 - 15　台灯模型圆柱销的车削操作过程

操作步骤	操作要点
①加工前准备工作	a. 安全操作规程，加工零件前检查各电气设备的手柄、传动部件、防护、限位装置是否齐全可靠、灵活，然后完成机床润滑、预热等准备工作。 b. 根据车间要求，合理放置毛坯料、刀具、量具、图样、工序卡等
②车削加工	a. 合理安装刀具。 b. 合理装夹毛坯料。 c. 根据台灯模型圆柱销车削加工工序卡，规范操作车床车削台灯模型圆柱销达到图样的要求，及时合理地做好在线加工检测工作。 d. 根据检测表，合理检测车削完成的台灯模型圆柱销
③加工后整理工作	加工完毕后，正确放置零件，并进行产品交接确认，按照国家相关环保规定和车间 6S 管理要求，整理现场，正确放置废水、废液等废弃物；按车间规定填写交接班记录

（2）记录加工过程中出现的问题，并写出改进措施。

（3）对加工完成的台灯模型圆柱销进行质量检测，并把检测结果填入表 4 - 3 - 16 中。

表 4 - 3 - 16　质量检测表

序号	检测项目	检测内容	配分	检测要求	学生自评		组间互评		教师评价	
					自测	得分	检测	得分	检测	得分
1	外形/mm	$\phi 3^{-0.03}_{-0.08}$	20	超差 0.01 扣 5 分						
2		$10^{-0.03}_{-0.08}$	20	超差 0.01 扣 5 分						
3	倒角	$C0.5$	10	锐角倒钝						
4	表面粗糙度	$Ra3.2$	10	降一级扣 2 分						
5	时间/min	60	10	未按时完成全扣						

表 4 - 3 - 16(续)

序号	检测项目	检测内容	配分	检测要求	学生自评		组间互评		教师评价	
					自测	得分	检测	得分	检测	得分
6	现场操作规范	遵守设备操作规程	10	违反操作规程按程度扣分						
7		正确使用工量具	10	工量具使用错误,每项扣2分						
8		合理保养设备	10	违反维护保养规程,每项扣2分						
合计(总分)			100	机床编号			总得分			
开始时间				结束时间			加工时间			

(4)填写加工程序数控 G 代码(表4-3-17)(对应数控系统型号)。

表 4 - 3 - 17 加工程序数控 G 代码

程序号	程序说明
00001	

五、设备使用记录表和日常保养记录表

填写设备使用记录表(表 4 – 3 – 18)和设备日常维护与保养记录表(表 4 – 3 – 19)。

表 4 – 3 – 18　设备使用记录表

仪器名称			型号	
生产厂家			管理人	
使用日期	时间	设备状态	使用人	备注
				(根据需要增加)

表 4 - 3 - 19　设备日常维护与保养记录表

年　　　月　　　部门：　　　　　　机器名称：

周数	项目	日期					保养人	每月情况	备注
		1	2	3	4	5			
一	电源								
	清洁								
	防锈润滑								
二	电源								
	清洁								
	防锈润滑								
三	电源								
	清洁								
	防锈润滑								
四	电源								
	清洁								
	防锈润滑								
五	电源								
	清洁								
	防锈润滑								

注："×"表示不合格；"⊗"表示合格；"○"表示维修合格。

工学活动四　台灯模型装配及误差分析

学习目标

1. 能正确规范组装台灯模型；
2. 能正确规范地检测台灯模型的整体质量；
3. 能根据台灯模型质量检测结果，分析误差产生的原因，并提出改进措施。

建议学时

4 学时。

学习过程

一、检测台灯模型质量

按照表4-4-1的内容检测台灯模型质量。

表4-4-1 质量检测表

序号	检测内容	检测方法	检测结果	结论
1	表面质量			
2	工件整洁			
3	配合精度			
4	形状精度			
5	尺寸精度			

注:台灯模型为艺术品,购买者注重表面质量、工件整洁、配合精度等,尺寸精度为专业技术要求。

二、误差分析

根据检测结果进行误差分析,将分析结果填入表4-4-2中。

4-4-2 误差分析表

测量内容		零件名称	
测量工具与仪器		测量人员	
班级		日期	
测量目的			
测量步骤			
测量要领			

三、结论

将检测结论填入表 4 - 4 - 3 中。

表 4 - 4 - 3　检测结论分析表

质量问题	产生原因	改进措施
外形尺寸误差		
形位误差		
表面粗糙度误差		
其他误差		

工学活动五　工作总结与评价

学习目标

1. 根据分组及任务完成情况,选派代表展示作品,并说明本次任务完成的情况,做分析总结;

2. 各小组成员能根据自身任务完成过程撰写工作总结;

3. 能就任务完成中出现的各种问题提出改进措施;

4. 能对学习与工作进行总结反思,并能与他人开展良好的合作和沟通。

建议学时

2 学时。

学习过程

一、展示与评价

把个人制作好的台灯模型先进行分组展示,再由小组推荐的代表进行介绍,在此过程中,以组为单位进行评价;评价完成后,根据其他组成员对本组展示成果的情况进行归纳总结。

完成如下项目(在括号内打"√")。

(1)展示的台灯模型符合标准吗?

合格(　　)　　　不良(　　)　　　返修(　　)　　　废品(　　)

(2)你认为与其他组对比,本小组的台灯模型加工工艺如何?

工艺优化(　　)　　　工艺合理(　　)　　　工艺一般(　　)

(3)本小组介绍成果表达是否清晰?

很好(　　)　　　一般,需补充(　　)　　　不清晰(　　)

(4)本小组演示台灯检测方法操作正确吗?

正确(　　)　　　部分正确(　　)　　　不正确(　　)

(5)本小组演示操作时遵循 6S 管理工作要求了吗?

符合工作要求(　　)　　　忽略了部分要求(　　)　　　完全没有遵循(　　)

(6)本小组成员的团队创新精神如何?

良好(　　)　　　一般(　　)　　　不足(　　)

二、自评总结(心得体会)

三、教师评价

(1)找出各组的优点点评。

(2)对任务完成过程中各组的缺点进行点评,提出改进方法。

(3)对整个任务完成过程中出现的亮点和不足进行点评。

四、评价表

该课程的评价考核改变单一的终结性评价的方法,采用教学过程考核与工作质量考核相结合的方法。其中,教学过程考核和工作质量考核两部分的比例为 6∶4。灵活多变的考核方式可以全面考核学生的学习效果。课程考核方式见表 4 − 5 − 1 及各个零件测评的"质量检测表"。

表 4 – 5 – 1　工学任务评价表

班组_____　　组别_____　　姓名_____

项目	自我评价			小组评价			教师评价		
	8~10	5~7	1~4	8~10	5~7	1~4	8~10	5~7	1~4
	占总评分10%			占总评分30%			占总评分60%		
工学活动一									
工学活动二									
工学活动三									
工学活动四									
工学活动五									
协作精神									
纪律观念									
表达能力									
工作态度									
拓展能力									
总评									

注:学生个人总评分 = 小组总评分 ×60% + 质量检测表平均分 ×40%。

学习任务五　火车头模型的制作

职业能力目标

1. 能准确分析火车头模型零件图纸,制定工艺卡,并填写加工进度。

2. 能结合生产车间设备的实际情况,查阅工具书等资料,正确规范制定加工步骤,具备一定分析加工工艺的能力。

3. 能分析对应物资需要,向车间仓管人员领取必要的材料和量具、刀具、夹具;

4. 能严格遵守设备操作规程完成火车头模型的加工;能独立对已加工零件进行尺寸等方面的检测;如有检测误差能提出改进意见。

5. 严格遵守车间 6S 管理制度,进行安全文明生产;合理保养维护量具、刀具、夹具及设备;能规范地填写设备使用记录表。

6. 配件加工完成后,能按要求对零件进行组装,并检测整体零件误差,分析整体误差产生的原因,提出改进意见。

职业核心能力目标

1. 能根据装配信息,对零件加工实际情况进行总结反思;
2. 具备良好的团队合作意识及沟通能力。

建议学时

48 学时。

工作情景描述

某机械厂承接了火车头模型(图 5－1－0)的加工业务,对方提供了零件图纸和毛坯,要求该厂生产车间 10 天内交付 4 套合格产品。

假设你作为该项目的技术负责人,请你带领小组在规定的时间内完成工作任务。

工学流程与活动

1. 火车头模型加工任务分析(获取资讯(6 学时))
2. 火车头模型加工工序编制(计划、决策(6 学时))
3. 火车头模型加工(实施(30 学时))
4. 火车头模型装配及误差分析(检查(4 学时))
5. 工作总结与评价(评价(2 学时))

图 5-1-0 火车头模型图样

工学活动一 火车头模型加工任务分析

学习目标

1. 认识火车头模型加工材料;
2. 学习火车头模型加工的生产纲领;
3. 掌握火车头模型加工加工工序。

建议学时

6 学时。

学习过程

领取火车头模型的生产任务单、零件图样和工艺卡,确定本次任务的加工内容。

一、阅读生产任务单(表 5-1-1)

表 5-1-1 生产任务单

需方单位(客户)名称				交货期时间	订金交付后 10 天	
序号	产品名称	材料	数量(单位:套)	技术标准、质量要求		备注
1	火车头模型	硬铝(4A01)	4	按所附图纸技术要求加工		
2						
3						
接单时间	年 月 日		接单人		QC(质检员)	
交付订金时间	年 月 日		经手人			
通知任务时间	年 月 日		发单人		生产班组	数控机械加工组

（1）叙述蒸汽火车的主要用途。

（2）叙述蒸汽火车的工作原理。

二、分析零件图样

1. 分析火车头模型零件1——火车头模型主体图样（图5-1-1）

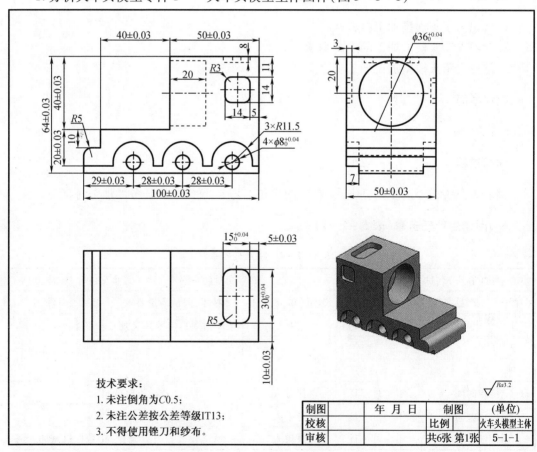

技术要求：
1. 未注倒角为$C0.5$；
2. 未注公差按公差等级IT13；
3. 不得使用锉刀和纱布。

制图		年 月 日		制图	（单位）
校核				比例	火车头模型主体
审核				共6张 第1张	5-1-1

图5-1-1 火车头模型主体图样

（1）叙述火车模型头主体的结构组成及各部分的作用。

（2）叙述 $\phi 36_0^{+0.04}$ mm 内孔的位置尺寸及其用途。

（3）叙述 $3 \times \phi 8_0^{+0.04}$ mm 通孔的位置尺寸及其用途。

（4）叙述 30 mm $\times$ 15 mm 矩形的位置尺寸和用途。

2.分析零件2——锅炉图样（图5-1-2）

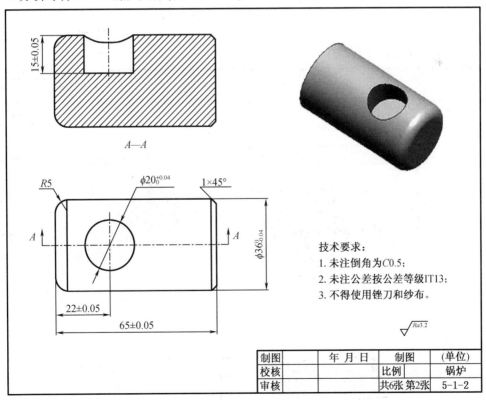

图5-1-2　锅炉图样

（1）叙述锅炉的结构组成及各部分的作用。

（2）叙述 $\phi20_0^{+0.04}$ mm 内孔的位置尺寸及其用途。

（3）叙述 $\phi36_{-0.04}^{0}$ mm 外圆的位置尺寸及其用途。

3. 分析零件3——烟筒图样（图5-1-3）

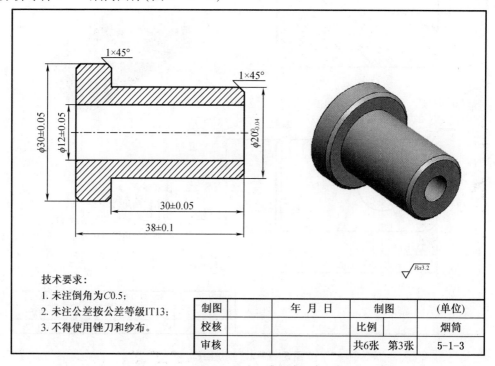

技术要求：
1. 未注倒角为 C0.5；
2. 未注公差按公差等级 IT13；
3. 不得使用锉刀和纱布。

制图		年 月 日	制图	（单位）
校核			比例	烟筒
审核			共6张　第3张	5-1-3

图5-1-3　烟筒图样

（1）叙述烟筒的结构组成及各部分的作用。

（2）叙述 $\phi 20^{0}_{-0.04}$ mm 外圆的位置尺寸及其用途。

4.分析零件4——驾驶室顶板图样（图5-1-4）

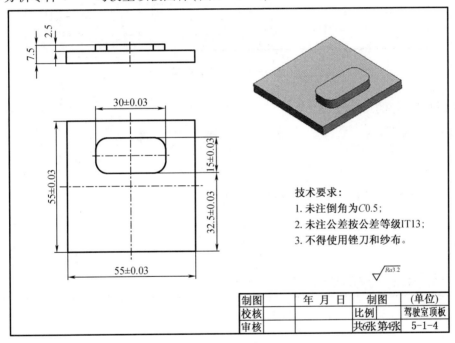

技术要求：
1. 未注倒角为 $C0.5$；
2. 未注公差按公差等级 $IT13$；
3. 不得使用锉刀和纱布。

$\sqrt{}$ $Ra3.2$

制图		年 月 日	制图	（单位）
校核			比例	驾驶室顶板
审核			共6张第4张	5-1-4

图 5-1-4　驾驶室顶板图样

（1）叙述驾驶室顶板的结构组成及各部分的作用。

（2）叙述 30 mm×15 mm 矩形的位置尺寸和用途。

5. 分析零件5——车轮图样(图5-1-5)

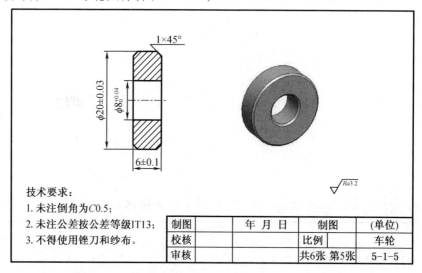

技术要求:

1. 未注倒角为C0.5;

2. 未注公差按公差等级IT13;

3. 不得使用锉刀和纱布。

制图		年 月 日	制图		(单位)
校核			比例		车轮
审核			共6张 第5张		5-1-5

$\sqrt{Ra3.2}$

图5-1-5 车轮图样

(1)叙述车轮的用途及加工数量。

(2)叙述 $\phi 8_0^{+0.04}$ mm 内孔的位置尺寸及用途。

6. 分析零件6——销钉图样(图5-1-6)

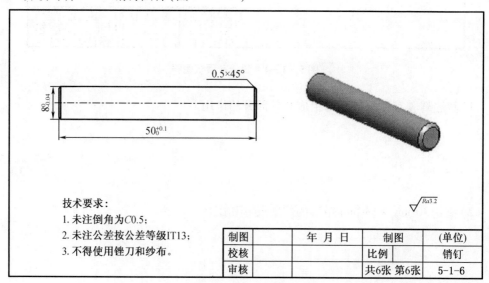

技术要求:

1. 未注倒角为C0.5;

2. 未注公差按公差等级IT13;

3. 不得使用锉刀和纱布。

制图		年 月 日	制图		(单位)
校核			比例		销钉
审核			共6张 第6张		5-1-6

$\sqrt{Ra3.2}$

图5-1-6 销钉图样

（1）叙述销钉的用途及数量。

（2）叙述 $\phi 8^{0}_{-0.04}$ mm 内孔的位置尺寸及用途。

三、阅读工艺卡

1. 识读火车头零件1——火车头模型主体工艺卡（表5-1-2）

表5-1-2 火车头模型主体工艺卡

单位名称		产品名称	火车头		图号	5-1-1
		零件名称	火车头模型主体	数量	4	第1页
材料种类	硬铝	材料牌号 4A01	毛坯尺寸	102 mm×66 mm×52 mm		共1页

工序号	工序内容	车间	设备	工具			计划工时/min	实际工时/min
				夹具	量具	刃具		
01	下料 102 mm× 66 mm×52 mm	准备车间	锯床	机用平口钳	钢直尺	锯条	20	
10	铣削主体	铣	加工中心	机用平口钳	游标卡尺 千分尺 百分表	铣刀 麻花钻 铰刀	180	
20	检验	检验室			游标卡尺 千分尺 半径样板		20	

更改号		拟定		校正		审核		批准
更改者								
日期								

（1）结合工艺卡及自身认识，分析此零件适合采用什么设备加工，并列出加工所需的刃具。

（2）根据加工要求，说明加工过程中使用了什么辅助夹具，为什么？

（3）根据图样与工艺分析，在表5－1－3中列出加工火车头模型主体所使用的刃具，夹具及量具的名称、型号规格和用途。

表5－1－3　加工火车头模型主体的刃具、夹具及量具

类别	名称	型号规格	用途
刃具			
夹具			
量具			

2. 识读火车头零件2——锅炉工艺卡(表5-1-4)

表5-1-4　锅炉工艺卡

单位名称		产品名称		火车头			图号		5-1-2
		零件名称		锅炉		数量	4		第1页
材料种类	硬铝	材料牌号	4A01	毛坯尺寸		$\phi38$ mm×67 mm			共1页
工序号	工序内容	车间	设备	工具			计划工时 /min	实际工时 /min	
				夹具	量具	刃具			
01	下料 $\phi38$ mm×67 mm	准备车间	锯床	机用平口钳	钢直尺	锯条	20		
10	车削锅炉	车	数控车床	三爪自定心卡盘	游标卡尺 千分尺 百分表	外圆车刀	30		
20	铣削锅炉	铣	加工中心	机用平口钳	游标卡尺 千分尺 百分表	铣刀	20		
30	检验	检验室			游标卡尺 千分尺 半径样板		20		
更改号			拟定		校正		审核		批准
更改者									
日期									

(1)结合工艺卡及自身认识,分析此零件适合采用什么设备加工,并列出加工所需的刃具。

(2)根据加工要求,说明加工过程中使用了什么辅助夹具,为什么?

（3）根据图样与工艺分析，在表5-1-5中列出加工炮管所使用的刃具，夹具及量具的名称、型号规格和用途。

表5-1-5　加工锅炉的刃具、夹具及量具

类别	名称	型号规格	用途
刃具			
夹具			
量具			

3. 识读火车头零件3——烟筒工艺卡（表5-1-6）

表5-1-6　烟筒工艺卡

单位名称		产品名称		火车头		图号		5-1-3
		零件名称		烟筒	数量	4		第1页
材料种类	硬铝	材料牌号	4A01	毛坯尺寸		$\phi32$ mm×39 mm		共1页
工序号	工序内容	车间	设备	工具			计划工时/min	实际工时/min
				夹具	量具	刃具		
01	下料 $\phi32$ mm×39 mm	准备车间	锯床	机用平口钳	钢直尺	锯条	20	
10	车削锅炉	车	数控车床	三爪自定心卡盘	游标卡尺 千分尺 百分表	外圆车刀 麻花钻 铰刀	20	
20	检验	检验室			游标卡尺 千分尺 半径样板		20	
更改号			拟定		校正		审核	批准
更改者								
日期								

(1)结合工艺卡及自身认识,分析此零件适合采用什么设备加工,并列出加工所需的刃具。

(2)根据加工要求,说明加工过程中使用了什么辅助夹具,为什么?

(3)根据图样与工艺分析,在表5-1-7中列出加工烟筒所使用的刃具、夹具及量具的名称、型号规格和用途。

表5-1-7 加工烟筒的刃具、夹具及量具

类别	名称	型号规格	用途
刃具			
夹具			
量具			

4. 识读火车头零件4——驾驶室顶板工艺卡(表5-1-8)

表5-1-8   驾驶室顶板工艺卡

单位名称		产品名称		火车头		图号		5-1-4
		零件名称		驾驶室顶板	数量	4		第1页
材料种类	硬铝	材料牌号	4A01	毛坯尺寸	58 mm×58 mm×15 mm			共1页
工序号	工序内容	车间	设备	工具			计划工时/min	实际工时/min
				夹具	量具	刃具		
01	下料 58 mm×58 mm ×15 mm	准备车间	锯床	机用平口钳	钢直尺	锯条	20	
10	铣削驾驶室顶板	铣	加工中心	机用平口钳	游标卡尺 千分尺 百分表	铣刀	20	
20	检验	检验室			游标卡尺 千分尺 半径样板		20	
更改号			拟定		校正		审核	批准
更改者								
日期								

(1)结合工艺卡及自身认识,分析此零件适合采用什么设备加工,并列出加工所需的刃具。

(2)根据加工要求,说明加工过程中使用了什么辅助夹具,为什么?

（3）根据图样与工艺分析，在表5－1－9中列出加工驾驶室顶板所使用的刃具、夹具及量具的名称、型号规格和用途。

表5－1－9　加工驾驶室顶板的刃具、夹具及量具

类别	名称	型号规格	用途
刃具			
夹具			
量具			

5. 识读火车头零件5——车轮工艺卡（5－1－10）

表5－1－10　车轮工艺卡

单位名称		产品名称		火车头		图号	5－1－5
		零件名称		车轮	数量	24	第1页
材料种类	硬铝	材料牌号	4A01	毛坯尺寸		$\phi 28$ mm×80 mm	共1页
工序号	工序内容	车间	设备	工具			计划工时 /min	实际工时 /min
				夹具	量具	刃具		
01	下料 $\phi 28$ mm×80 mm	准备车间	锯床	机用平口钳	钢直尺	锯条	20	
10	车削车轮	车	数控车床	三爪自定心卡盘	游标卡尺 千分尺 百分表	外圆铣刀 麻花钻 铰刀 切断刀	20	
20	检验	检验室			游标卡尺 千分尺 半径样板		20	
更改号			拟定		校正		审核	批准
更改者								
日期								

（1）结合工艺卡及自身认识，分析此零件适合采用什么设备加工，并列出加工所需的刃具。

（2）根据加工要求，说明加工过程中使用了什么辅助夹具，为什么？

（3）根据图样与工艺分析，在表5－1－11中列出加工车轮所使用的刃具、夹具及量具的名称、型号规格和用途。

表5－1－11　加工车轮的刃具、夹具及量具

类别	名称	型号规格	用途
刃具			
夹具			
量具			

四、制定工作进度计划

本生产任务工期为10天，依据任务要求，制定合理的工作进度计划，并根据小组成员的特点进行分工将相应内容填入表5－1－12中。

表 5 – 1 – 12　工作进度安排及分工表

序号	工作内容	时间	成员	负责人

工学活动二　火车头模型加工工序编制

学习目标

1. 能分析零件图纸确定火车头模型零件在数控铣床或者在数控车床上的加工步骤；

2. 能依据加工步骤，结合车间设备实际，查阅切削手册，正确、规范制定零件的铣削或车削加工工序卡。

建议学时

6 学时。

学习过程

一、制定零件1——火车头模型主体铣削加工工序卡

（1）在表5－2－1中，结合主体铣削加工步骤和图例填写操作内容。

表5－2－1   火车头模型主体铣削加工步骤

序号	操作步骤	加工内容	主要夹、量、刃具
1			
2			
3			
4			
5			
6			

（2）根据火车头模型主体工艺卡工序 10 和加工步骤，制定火车头主体零件铣削加工工序卡（表 5 - 2 - 2），并把火车头模型主体完成图样绘制到工序卡的空白处。（注：数控加工时，填上 G 代码程序）

表 5 - 2 - 2　火车头模型主体加工工序卡

火车头模型主体工序卡		产品型号		零件图号	5 - 1 - 1	共 1 页		第 1 页
		产品名称	火车头模型	零件名称	主体			

车间		工序号		工序名称		材料牌号	
毛坯种类		毛坯外形尺寸		每毛坯可制件数		每台件数	
设备名称		设备型号		设备编号		同时加工件数	
夹具编号			夹具名称		切削液		
工位器具编号		工位器具名称		工序工时/min			
				准终		单件	

工步号	工步内容	工艺装备	主轴转速 /(r·min⁻¹)	切削速度 /(m·min⁻¹)	进给量 /(mm·r⁻¹)	切削深度 /mm	进给次数	工步工时/s	
								机动	辅助

设计（日期）	校对（日期）	审核（日期）	标准化（日期）	会签（日期）

（3）填写加工程序数控 G 代码（表 5 - 2 - 3）。

表 5 - 2 - 3　加工程序数控 G 代码

程序号	程序说明
O0001	

二、制定零件 2——火车头模型锅炉加工工序卡

（1）在表 5 – 2 – 4 中,结合锅炉加工步骤和图例填写操作内容。

表 5 – 2 – 4　锅炉加工步骤

序号	操作步骤	加工内容	主要夹、量、刃具
1			
2			
3			
4			
5			

（2）根据锅炉工艺卡工序和加工步骤,制定锅炉零件加工工序卡(表 5 - 2 - 5),并把锅炉完成图样绘制到工序卡的空白处。(注:数控加工时,填上 G 代码程序)

表 5 - 2 - 5　锅炉加工工序卡

锅炉 工序卡	产品型号		零件图号	5 - 1 - 2	共 1 页	第 1 页
	产品名称	火车头模型	零件名称	锅炉		

	车间	工序号	工序名称	材料牌号
	毛坯种类	毛坯外形尺寸	每毛坯可制件数	每台件数
	设备名称	设备型号	设备编号	同时加工件数
	夹具编号		夹具名称	切削液
	工位器具编号	工位器具名称	工序工时/min	
			准终	单件

工步号	工步内容	工艺装备	主轴转速 /(r·min⁻¹)	切削速度 /(m·min⁻¹)	进给量 /(mm·r)	切削深度 /mm	进给次数	工步工时/s	
								机动	辅助

	设计(日期)	校对(日期)	审核(日期)	标准化(日期)	会签(日期)

主轴转速 /(r·min⁻¹) 切削速度 /(m·min⁻¹) $/(r \cdot min^{-1})$, $/(m \cdot min^{-1})$, $/(mm \cdot r)$

（3）填写加工程序数控 G 代码（表 5 - 2 - 6）。

表 5 - 2 - 6　加工程序数控 G 代码

程序号	程序说明
00001	

三、制定零件3——火车头模型烟筒车削加工工序卡

（1）在表5-2-7中,结合烟筒车削加工步骤和图例填写操作内容。

表5-2-7　烟筒车削加工步骤

序号	操作步骤	加工内容	主要夹、量、刃具
1			
2			
3			
4			
5			

（2）根据烟筒工艺卡工序和加工步骤,制定烟筒零件车削加工工序卡(表5-2-8),并把烟筒完成图样绘制到工序卡的空白处。(注:数控加工时,填上G代码程序)

表5-2-8　烟筒加工工序卡

烟筒工序卡	产品型号		零件图号		5-1-3	共1页		第1页
	产品名称	火车头模型	零件名称		烟筒			
	车间		工序号		工序名称		材料牌号	
	毛坯种类		毛坯外形尺寸		每毛坯可制件数		每台件数	
	设备名称		设备型号		设备编号		同时加工件数	
	夹具编号			夹具名称			切削液	
	工位器具编号		工位器具名称		工序工时/min			
					准终		单件	

工步号	工步内容	工艺装备	主轴转速 /(r·min⁻¹)	切削速度 /(m·min⁻¹)	进给量 /(mm·r⁻¹)	切削深度 /mm	进给次数	工步工时(s) 机动	工步工时(s) 辅助

设计(日期)	校对(日期)	审核(日期)	标准化(日期)	会签(日期)

四、制定零件4——火车头模型驾驶室顶板铣削加工工序卡

（1）在表5－2－9中，结合驾驶室顶板铣削加工步骤和图例填写操作内容。

表5－2－9   驾驶室顶板铣削加工步骤

序号	操作步骤	加工内容	主要夹、量、刃具
1			
2			
3			
4			
5			

（2）根据驾驶室顶板工艺卡工序和加工步骤,制定驾驶室顶板零件铣削加工工序卡（表5-2-10）,并把驾驶室顶板完成图样绘制到工序的空白处。（注:数控加工时,填上G代码程序）

表5-2-10　驾驶室顶板加工工序卡

驾驶室顶板 工序卡	产品型号		零件图号	5-1-4	共1页	第1页
	产品名称	火车头模型	零件名称	驾驶室顶板		

	车间	工序号	工序名称	材料牌号
	毛坯种类	毛坯外形尺寸	每毛坯可制件数	每台件数
	设备名称	设备型号	设备编号	同时加工件数
	夹具编号		夹具名称	切削液
	工位器具编号	工位器具名称	工序工时/min	
			准终	单件

工步号	工步内容	工艺装备	主轴转速 /(r·min⁻¹)	切削速度 /(m·min⁻¹)	进给量 /(mm·r⁻¹)	切削深度 /mm	进给次数	工步工时/s	
								机动	辅助

	设计(日期)	校对(日期)	审核(日期)	标准化(日期)	会签(日期)

（3）填写加工程序数控 G 代码（表 5 – 2 – 11）。

表 5 – 2 – 11　加工程序数控 G 代码

程序号	程序说明
00001	

五、制定零件5——火车头模型车轮车削加工工序卡

（1）在表5－2－12中，结合车轮车削加工步骤和图例填写操作内容。

表5－2－12　车轮车削加工步骤

序号	操作步骤	加工内容	主要夹、量、刃具
1			
2			
3			
4			
5			

（2）根据车轮工艺卡工序和加工步骤,制定车轮零件车削加工工序卡(表5－2－13),并把车轮完成图样绘制到工序卡的空白处。(注:数控加工时,填上 G 代码程序)

表5－2－13　车轮加工工序卡

| 车轮
工序卡 | 产品型号 | | 零件图号 | 5－1－5 | 共1页 | | 第1页 |
| | 产品名称 | 火车头模型 | 零件名称 | 车轮 | | | |

车间		工序号		工序名称		材料牌号	
毛坯种类		毛坯外形尺寸		每毛坯可制件数		每台件数	
设备名称		设备型号		设备编号		同时加工件数	
夹具编号			夹具名称			切削液	
工位器具编号		工位器具名称			工序工时/min		
					准终		单件

工步号	工步内容	工艺装备	主轴转速 /(r·min⁻¹)	切削速度 /(m·min⁻¹)	进给量 /(mm·r⁻¹)	切削深度 /mm	进给次数	工步工时/s	
								机动	辅助

| 设计(日期) | | 校对(日期) | | 审核(日期) | | 标准化(日期) | | 会签(日期) | |
| | | | | | | | | | |

（3）填写加工程序数控 G 代码（表 5 – 2 – 14）。

表 5 – 2 – 14　加工程序数控 G 代码

程序号	程序说明
00001	

六、制定零件6——火车头模型销钉车削加工工序卡

（1）在表5–2–15中，结合销钉车削加工步骤和图例填写操作内容。

表5–2–15 多功能　销钉车削加工步骤

序号	操作步骤	加工内容	主要夹、量、刃具
1			
2			
3			
4			
5			

（2）根据销钉工艺卡工序和加工步骤，制定销钉零件车削加工工序卡（表5－2－16），并把销钉完成图样绘制到工序卡的空白处。（注：数控加工时，填上G代码程序）

表5－2－16　销钉加工工序卡

销钉工序卡	产品型号		零件图号	5－1－6	共1页	第1页
	产品名称	火车头模型	零件名称	销钉		
	车间		工序号		工序名称	材料牌号
	毛坯种类		毛坯外形尺寸		每毛坯可制件数	每台件数
	设备名称		设备型号		设备编号	同时加工件数
	夹具编号			夹具名称		切削液
	工位器具编号		工位器具名称		工序工时/min	
					准终	单件

工步号	工步内容	工艺装备	主轴转速 /(r·min⁻¹)	切削速度 /(m·min⁻¹)	进给量 /(mm·r⁻¹)	切削深度 /mm	进给次数	工步工时/s	
								机动	辅助

设计（日期）	校对（日期）	审核（日期）	标准化（日期）	会签（日期）

（3）填写加工程序数控 G 代码（表 5 – 2 – 17）。

表 5 – 2 – 17 加工程序数控 G 代码

程序号	程序说明
O0001	

工学活动三　火车头模型加工

学习目标

1. 能按照零件图纸要求正确领取材料。

2. 能依据加工需要正确领取量具、刃具、夹具等。

3. 能严格遵守各机械设备的安全使用规范,并遵守车间6S管理要求。

4. 掌握在砂轮房刃磨所需要刀(刃)具技巧。

5. 加工中能爱护所使用的各种设备,量具、夹具等;正确处置废油液等废弃物;规范地交接班和保养机床设备。

建议学时

30学时。

准备过程

一、填写领料单(表5-3-1)并领取材料

表5-3-1　领料单

领料部门			产品名称及数量		
领料单号			零件名称及数量		
材料名称	材料规格及型号	单位	数量		单价	总价
材料名称	材料规格及型号	单位	请领	实发	单价	总价
材料用途说明	材料仓库	主管	发料数量	领料部门	主管	领料数量

二、汇总量具、刃具、夹具清单(表5-3-2)并领取量具、刃具、夹具

表5-3-2　量具、刃具、夹具清单

序号	名称	型号规格	数量	需领用数量
1				
2				
3				
4				
5				
6				
7				

表5-3-2(续)

序号	名称	型号规格	数量	需领用数量
8				
9				
10				
11				
12				
13				
14				

三、完成火车头模型零件加工和质量检测

1. 火车头模型零件1——火车头模型主体

（1）按照加工工序卡和表5-3-3中的操作加工过程提示,在实训车间完成火车头主体的铣削加工。

表5-3-3　火车头主体铣削操作过程

操作步骤	操作要点
①加工前准备工作	a. 安操作规程,加工零件前检查各电气设备的手柄、传动部件、防护、限位装置是否齐全可靠、灵活,然后完成机床润滑、预热等准备工作。 b. 根据车间要求,合理放置毛坯料、刃具、量具、图样、工序卡等
②铣削加工	a. 合理安装刃具。 b. 合理装夹毛坯料。 c. 根据火车头模型主体铣削加工工序卡,规范操作铣床铣削火车头模型主体达到图样的要求,及时合理地做好在线加工检测工作。 d. 根据检测表,合理检测铣削完成的火车头模型主体
③加工后整理工作	加工完毕后,正确放置零件,并进行产品交接确认,按照国家相关环保规定和车间6S管理要求,整理现场,正确放置废水、废液等废弃物;按车间规定填写交接班记录

（2）记录加工过程中出现的问题,并写出改进措施。

（3）对加工完成的零件进行质量检测，并把检测结果填入表5-3-4中。

表5-3-4　质量检测表

序号	检测项目	检测内容	配分	检测要求	学生自评		组间互评		教师评价	
					自测	得分	检测	得分	检测	得分
1	外形/mm	100 ± 0.03	5	超差0.01扣5分						
2		64 ± 0.03	5	超差0.01扣5分						
3		40 ± 0.03	5	超差0.01扣5分						
4		50 ± 0.03	5	超差0.01扣5分						
5		20 ± 0.03	5	超差0.01扣5分						
6		40 ± 0.03	5	超差0.01扣5分						
7	高度/mm	50 ± 0.03	5	超差0.01扣5分						
8	孔距/mm	29 ± 0.03	5	超差0.01扣5分						
9		28 ± 0.03	5	超差0.01扣5分						
10		28 ± 0.03	5	超差0.01扣5分						
11	孔/mm	$4 \times \phi 8$	8	一个孔不合格扣2分						
12	凹槽/mm	$30_0^{+0.04}$	5	超差0.01扣5分						
13		$15_0^{+0.04}$	5	超差0.01扣5分						
14		$\phi 36_0^{+0.04}$	5	超差0.01扣5分						
15	表面粗糙度	$Ra3.2$	8	降一级扣4分						
16	时间/min	180	5	未按时完成全扣						
17	现场操作规范	遵守设备操作规程	5	违反操作规程按程度扣分						
18		正确使用工量具	4	工量具使用错误，每项扣2分						
19		合理保养设备	5	违反维护保养规程，每项扣2分						
合计（总分）			100	机床编号				总得分		
开始时间				结束时间				加工时间		

2. 火车头模型零件2——锅炉

（1）按照加工工序卡和表5-3-5中的操作加工过程提示，在实训车间完成锅炉的车削和铣削加工。

表5-3-5　锅炉车削、铣削操作过程

操作步骤	操作要点
①加工前准备工作	a. 安操作规程，加工零件前检查各电气设备的手柄、传动部件、防护、限位装置是否齐全可靠、灵活，然后完成机床润滑、预热等准备工作。 b. 根据车间要求，合理放置毛坯料、刀具、量具、图样、工序卡等

表 5 – 3 – 5（续）

操作步骤	操作要点
②车削加工	a.合理安装刃具。 b.合理装夹毛坯料。 c.根据锅炉车削加工工序卡,规范操作车床车削锅炉达到图样的要求,及时合理地做好在线加工检测工作。 d.根据检测表,合理检测车削完成的锅炉
③铣削加工	a.合理安装刃具。 b.合理装夹毛坯料。 c.根据锅炉铣削加工工序卡,规范操作铣床铣削锅炉达到图样的要求,及时合理地做好在线加工检测工作。 d.根据检测表,合理检测铣削完成的锅炉
④加工后整理工作	加工完毕后,正确放置零件,并进行产品交接确认,按照国家相关环保规定和车间6S管理要求,整理现场,正确放置废水、废液等废弃物;按车间规定填写交接班记录

（2）记录加工过程中出现的问题,并写出改进措施。

（3）对加工完成的零件进行质量检测,并把检测结果填入表 5 – 3 – 6 中。

表 5 – 3 – 6　质量检测表

序号	检测项目	检测内容	配分	检测要求	学生自评		组间互评		教师评价	
					自测	得分	检测	得分	检测	得分
1	外形/mm	$\phi36^{0}_{-0.04}$	10	超差 0.01 扣 5 分						
2		$\phi20^{+0.04}_{0}$	10	超差 0.01 扣 5 分						
3		65 ± 0.05	10	超差 0.01 扣 5 分						
7	深度/mm	15 ± 0.05	10	超差 0.01 扣 5 分						
8	孔距/mm	22 ± 0.05	10	超差 0.01 扣 5 分						
12	倒角	$1\times45°$	9	没有倒角全扣						
		$R5$	5	没有倒角全扣						
15	表面粗糙度	$Ra3.2$	9	降一级扣 3 分						
16	时间/min	30	10	未按时完成全扣						

表 5 - 3 - 6（续）

序号	检测项目	检测内容	配分	检测要求	学生自评		组间互评		教师评价	
					自测	得分	检测	得分	检测	得分
17	现场操作规范	遵守设备操作规程	6	违反操作规程按程度扣分						
18		正确使用工量具	6	工量具使用错误，每项扣2分						
19		合理保养设备	6	违反维护保养规程，每项扣2分						
合计（总分）			100	机床编号			总得分			
开始时间				结束时间			加工时间			

3. 火车头模型零件 3——烟筒

（1）按照加工工序卡和表 5 - 3 - 7 中的操作加工过程提示，在实训车间完成烟筒的车削加工。

表 5 - 3 - 7　烟筒车削操作过程

操作步骤	操作要点
①加工前准备工作	a. 按操作规程，加工零件前检查各电气设备的手柄、传动部件、防护、限位装置是否齐全可靠、灵活，然后完成机床润滑、预热等准备工作。 b. 根据车间要求，合理放置毛坯料、刃具、量具、图样、工序卡等
②车削加工	a. 合理安装刃具。 b. 合理装夹毛坯料。 c. 根据烟筒车削加工工序卡，规范操作车床车削烟筒达到图样的要求，及时合理地做好在线加工检测工作。 d. 根据检测表，合理检测车削完成的烟筒
③加工后整理工作	加工完毕后，正确放置零件，并进行产品交接确认，按照国家相关环保规定和车间6S管理要求，整理现场，正确放置废水、废液等废弃物；按车间规定填写交接班记录

（2）记录加工过程中出现的问题，并写出改进措施。

（3）对加工完成的零件进行质量检测，并把检测结果填入表5-3-8中。

表5-3-8　质量检测表

序号	检测项目	检测内容	配分	检测要求	学生自评		组间互评		教师评价	
					自测	得分	检测	得分	检测	得分
1	外形/mm	$\phi30 \pm 0.05$	10	超差0.01扣5分						
2		$\phi20^{0}_{-0.04}$	10	超差0.01扣5分						
3		30 ± 0.05	10	超差0.01扣5分						
4		38 ± 0.1	10	超差0.01扣5分						
5	内孔/mm	$\phi12 \pm 0.05$	5	超差0.01扣5分						
6	倒角	$1 \times 45°$	15	倒角一处5分						
7	表面粗糙度	$Ra3.2$	8	降一级扣4分						
8	时间/min	30	12	未按时完成全扣						
9	现场操作规范	遵守设备操作规程	5	违反操作规程按程度扣分						
10		正确使用工量具	5	工量具使用错误，每项扣2分						
11		合理保养设备	10	违反维护保养规程，每项扣2分						
合计（总分）			100	机床编号				总得分		
开始时间				结束时间				加工时间		

4. 火车头模型零件4——驾驶室顶板

（1）按照加工工序卡和表5-3-9中的操作加工过程提示，在实训车间完成驾驶室顶板的铣削加工。

表5-3-9　驾驶室顶板铣削操作过程

操作步骤	操作要点
①加工前准备工作	a. 按操作规程，加工零件前检查各电气设备的手柄、传动部件、防护、限位装置是否齐全可靠、灵活，然后完成机床润滑、预热等准备工作。 b. 根据车间要求，合理放置毛坯料、刃具、量具、图样、工序卡等
②铣削加工	a. 合理安装刃具。 b. 合理装夹毛坯料。 c. 根据驾驶室顶板铣削加工工序卡，规范操作铣床铣削驾驶室顶板达到图样的要求，及时合理地做好在线加工检测工作。 d. 根据检测表，合理检测铣削完成的驾驶室顶板
③加工后整理工作	加工完毕后，正确放置零件，并进行产品交接确认，按照国家相关环保规定和车间6S管理要求，整理现场，正确放置废水、废液等废弃物；按车间规定填写交接班记录

（2）记录加工过程中出现的问题，并写出改进措施。

（3）对加工完成的零件进行质量检测，并把检测结果填入表 5-3-10 中。

表 5-3-10　质量检测表

序号	检测项目	检测内容	配分	检测要求	学生自评		组间互评		教师评价	
					自测	得分	检测	得分	检测	得分
1	外形/mm	55±0.03	10	超差0.01扣5分						
2		55±0.03	10	超差0.01扣5分						
3		32.5±0.03	10	超差0.01扣5分						
4		30±0.03	10	超差0.01扣5分						
5		15±0.03	10	超差0.01扣5分						
6	高度/mm	7.5	5	超差0.01扣5分						
7		2.5	5	超差0.01扣5分						
8	表面粗糙度	Ra3.2	8	降一级扣4分						
9	时间/min	20	12	未按时完成全扣						
10	现场操作规范	遵守设备操作规程	5	违反操作规程按程度扣分						
11		正确使用工量具	5	工量具使用错误，每项扣2分						
12		合理保养设备	10	违反维护保养规程，每项扣2分						
合计（总分）			100	机床编号			总得分			
开始时间				结束时间			加工时间			

5. 火车头模型零件 5——车轮

（1）按照加工工序卡和表 5-3-11 中的操作加工过程提示，在实训车间完成车轮的车削加工。

表 5-3-11　车轮车削操作过程

操作步骤	操作要点
①加工前准备工作	a. 安操作规程，加工零件前检查各电气设备的手柄、传动部件、防护、限位装置是否齐全可靠、灵活，然后完成机床润滑、预热等准备工作。 b. 根据车间要求，合理放置毛坯料、刀具、量具、图样、工序卡等

表 5 - 3 - 11（续）

操作步骤	操作要点
②车削加工	a. 合理安装刃具。 b. 合理装夹毛坯料。 c. 根据车轮车削加工工序卡，规范操作车床车削车轮达到图样的要求，及时合理地做好在线加工检测工作。 d. 根据检测表，合理检测车削完成的车轮
③加工后整理工作	加工完毕后，正确放置零件，并进行产品交接确认，按照国家相关环保规定和车间6S 管理要求，整理现场，正确放置废水、废液等废弃物；按车间规定填写交接班记录

（2）记录加工过程中出现的问题，并写出改进措施。

（3）对加工完成的零件进行质量检测，并把检测结果填入表 5 - 3 - 12 中。

表 5 - 3 - 12　质量检测表

序号	检测项目	检测内容	配分	检测要求	学生自评		组间互评		教师评价	
					自测	得分	检测	得分	检测	得分
1	外形/mm	$\phi 20 \pm 0.03$	20	超差 0.01 扣 5 分						
2		$\phi 8_0^{+0.04}$	20	超差 0.01 扣 5 分						
3	高度/mm	6 ± 0.1	15	超差 0.01 扣 5 分						
4	表面粗糙度	$Ra3.2$	8	降一级扣 4 分						
5	时间/min	20	12	未按时完成全扣						
6	现场操作规范	遵守设备操作规程	5	违反操作规程按程度扣分						
7		正确使用工量具	10	工量具使用错误，每项扣 2 分						
8		合理保养设备	10	违反维护保养规程，每项扣 2 分						
合计（总分）			100	机床编号				总得分		
开始时间				结束时间				加工时间		

四、设备使用记录表及日常保养记录表

填写设备使用记录表(表5-3-13)和设备日常维护与保养记录表(表5-3-14)。

表5-3-13 设备使用记录表

仪器名称			型号	
生产厂家			管理人	
使用日期	时间	设备状态	使用人	备注
			(根据需要增加)

表 5-3-14　设备日常维护与保养记录表

　　　　　　　　　年　　　　月　　　　部门：　　　　　机器名称：

周数	项目	日期					保养人	每月情况	备注
		1	2	3	4	5			
一	电源								
	清洁								
	防锈润滑								
二	电源								
	清洁								
	防锈润滑								
三	电源								
	清洁								
	防锈润滑								
四	电源								
	清洁								
	防锈润滑								
五	电源								
	清洁								
	防锈润滑								

注："×"表示不合格；"⊗"表示合格；"○"表示维修合格。

工学活动四　火车头模型装配及误差分析

学习目标

1. 能正确、规范地组装火车头模型；
2. 能正确、规范地检测火车头模型机构(部件)的整体质量；
3. 能根据火车头模型质量检测结果,分析误差产生原因,并提出改进措施。

建议学时

4 学时。

学习过程

一、检测火车头模型的质量

根表 5 - 4 - 1 的内容对火车头模型的质量进行检测。

表 5 - 4 - 1　火车头模型质量检测表

序号	检测内容	检测方法	检测结果	结论
1	表面质量			
2	工件整洁			
3	配合精度			
4	形状精度			
5	尺寸精度			

注:火车头模型为艺术品,购买者注重表面质量、工件整洁、配合精度等;尺寸精度为专业技术要求。

二、误差分析

根据检测结果进行误差分析,将分析结果填入表 5 - 4 - 2 中。

5 - 4 - 2　误差分析表

测量内容		零件名称	
测量工具与仪器		测量人员	
班级		日期	
测量目的			
测量步骤			
测量要领			

三、结论

将检测结论填入表 5-4-3 中。

表 5-4-3　检测结论分析表

质量问题	产生原因	改进措施
外形尺寸误差		
形位误差		
表面粗糙度误差		
其他误差		

工学活动五　工作总结与评价

学习目标

1. 根据分组及任务完成情况,选派代表展示作品,并说明本次任务完成的情况,做分析总结;

2. 各小组成员能根据自身任务完成过程,撰写工作总结;

3. 能就任务完成中出现的各种问题提出改进措施;

4. 能对学习与工作进行总结反思,并能与他人开展良好的合作与沟通。

建议学时

2 学时。

学习过程

一、展示与评价

把制作好的火车头模型先进行分组展示,再由小组推荐的代表进行必要的介绍,在此过程中,以组为单位进行评价;评价完成后,根据其他组成员对本组展示成果的情况进行归纳总结。完成如下项目(在对应的括号内打"√")。

(1)展示的火车头模型符合标准吗?

合格(　　)　　　不良(　　)　　　返修(　　)　　　废品(　　)

(2)认为与其他组对比,本小组的火车头模型加工工艺如何?

工艺优化(　　)　　　工艺合理(　　)　　　工艺一般(　　)

(3)本小组介绍成果表达是否清晰?

很好(　　)　　　一般,需补充(　　)　　　不清晰(　　)

(4)本小组演示火车头模型检测方法操作正确吗?

正确(　　)　　　部分正确(　　)　　　不正确(　　)

(5)本小组演示操作时遵循 6S 管理的工作要求了吗?

符合工作要求(　　)　　　忽略了部分要求(　　)　　　完全没有遵循(　　)

(6)本小组成员的团队创新精神如何?

良好(　　)　　　一般(　　)　　　不足(　　)

二、自评总结(心得体会)

三、教师评价

(1)找出各组的优点点评。

(2)对任务完成过程中各组的缺点进行点评,提出改进方法。

(3)对整个任务完成过程中出现的亮点和不足进行点评。

该课程的评价考核改变单一的总结性评价的方法,采用教学过程考核与工作质量考核相结合的方法。其中,教学过程考核和工作质量考核两部分的比例为6:4。灵活多变的考核方式可以全面考核学生的学习效果。课程考核方式见表5-5-1及各个零件测评的"质量检测表"。

表5-5-1 工学任务评价表(小组)

班组_____ 组别_____

项目	自我评价			小组评价			教师评价		
	8~10	5~7	1~4	8~10	5~7	1~4	8~10	5~7	1~4
	占总评分10%			占总评分30%			占总评分60%		
工学活动一									
工学活动二									
工学活动三									
工学活动四									
工学活动五									
协作精神									
纪律观念									
表达能力									
工作态度									
拓展能力									
总评									

注:学生个人总评分 = 小组总评分×60% + 质量检测表平均分×40%。

学习任务六　石磨模型的制作

职业能力目标

1. 能准确分析石磨模型零件图纸,制定工艺卡,并填写加工进度。

2. 能结合生产车间设备实际情况,查阅工具书等资料,正确规范制定加工步骤,具备一定的分析加工工艺的能力。

3. 能分析对应物资需要,向车间仓管人员领取必要的材料和量具、刀具、夹具。

4. 能严格遵守设备操作规程完成石磨模型的加工;能独立对已加工零件进行尺寸等方面的检测,如有检测误差能提出改进意见。

5. 遵守车间 6S 管理制度,严格进行安全文明生产,合理保养维护量具、刀具、夹具及设备;能规范地填写设备使用记录表;

6. 配件加工完成后,能按要求对零件进行组装,并检测整体零件误差,分析整体误差产生的原因,提出改进意见。

职业核心能力目标

1. 能根据装配信息,对零件加工实际情况进行总结反思;

2. 具备良好的团队合作意识及沟通能力。

建议学时

54 学时。

工作情景描述(体现工学一体)

某工厂接到客户设计图纸一套石磨模型(图 6 - 1 - 1),委托我单位加工制造,数量为 10 套,工期为 15 天,客户提供图样和材料。现生产部门安排数控车、铣机械加工组完成此任务。

图 6 - 1 - 1　石磨模型立体图

工学流程与活动

1. 石磨模型加工任务分析(获取资讯(8 学时))
2. 石磨模型加工工序编制(计划、决策(10 学时))
3. 石磨模型加工(实施(30 学时))
4. 石磨模型装配及误差分析(检查(4 学时))
5. 工作总结与评价(评价(2 学时))

工学活动一　石磨模型加工任务分析

学习目标

1. 认识石磨模型加工材料;
2. 学习石磨模型加工的生产纲领;
3. 掌握石磨模型加工工序。

建议学时

8 学时。

学习过程

领取石磨模型的生产任务单、零件图样和工艺卡,确定本次任务的加工内容。

一、阅读生产任务单

1. 阅读生产任务单(表 6 - 1 - 1)

表 6 - 1 - 1　生产任务单

需方单位(客户)名称				交货期时间		订金交付后 15 天	
序号	产品名称	材料	数量(单位:套)	技术标准、质量要求			备注
1	石磨模型	硬钻(4A01)	10	按所附图纸技术要求加工			
2							
3							
接单时间		年　月　日	接单人		QC(质检员)		
交付订金时间		年　月　日	经手人				
通知任务时间		年　月　日	发单人		生产班组		数控机械加工组

2.简述石磨

（1）石磨的用途、种类。

（2）从古到今石磨的形式大致是怎样演变的？

（3）模型的加工有别于真正的加工，区别在那些地方？

3.分析总装图（图6-1-2）

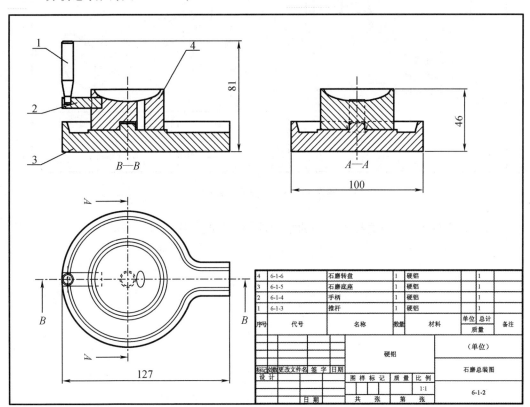

4	6-1-6	石磨转盘	1	硬铝		1	
3	6-1-5	石磨底座	1	硬铝		1	
2	6-1-4	手柄	1	硬铝		1	
1	6-1-3	推杆	1	硬铝		1	
序号	代号	名称	数量	材料	单位 质量	总计	备注

图6-1-2　石磨总装图

（1）该总装图的名称为＿＿＿＿＿＿＿绘图比例为＿＿＿＿＿＿＿＿。

（2）此总装图共有＿＿＿＿＿＿＿件零件，分别叫＿＿＿＿＿＿＿、＿＿＿＿＿＿＿、＿＿＿＿＿＿＿、＿＿＿＿＿＿＿；分别用＿＿＿＿＿＿＿材料加工。

二、分析零件图样

1. 分析零件 1——石磨模型推杆图样（图 6 - 1 - 3）

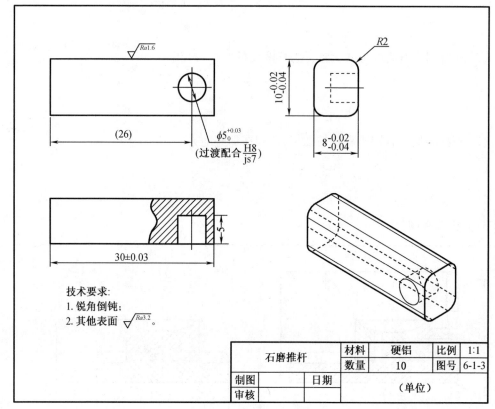

图 6 - 1 - 3   石磨推杆图样

（1）简述零件 1——石磨模型推杆的结构及各部分的作用。

（2）简述下孔 $\phi 5$ mm 在不同的位置下，对石磨推杆的影响。尺寸公差 $\phi 5$ mm（过渡配合）的意义。查找在孔 $\phi 5$H8，轴 $\phi 5$js7 具体的公差尺寸分别是多少？

（3）简述某尺寸 $10_{-0.08}^{-0.02}$ mm，$8_{-0.08}^{-0.02}$ mm 必须要控制的目的、作用。

（4）材料 4A01 是什么材料，日常生活中常用于什么场合？

2. 分析零件 2——手柄图样（图 6 – 1 – 4）

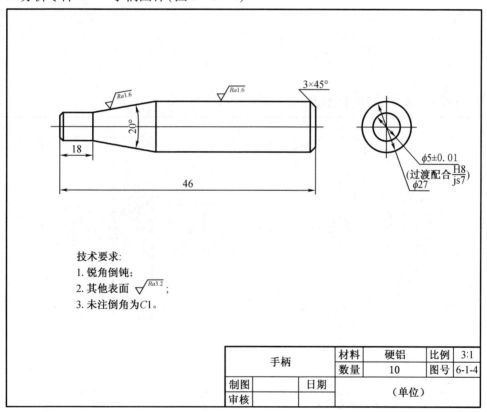

图 6 – 1 – 4　手柄图样

（1）简述手柄的结构及作用。

（2）简述锐角倒钝的作用。

（3）简述尺寸 $\phi 5$ mm 必须要严控公差，而 $\phi 9$ mm 则不需要的原因。

（4）简述下表面粗糙度的作用。

3. 分析零件 3——石磨模型底座图样（图 6 – 1 – 5）

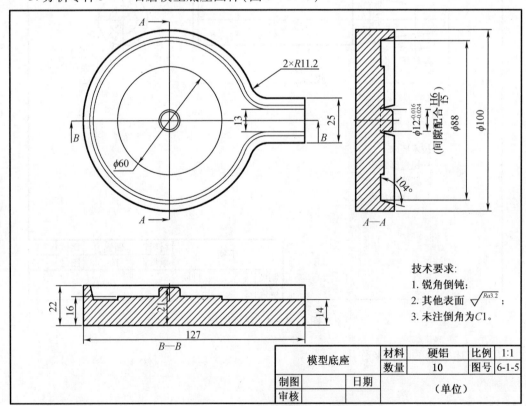

图 6 – 1 – 5   石磨模型底座图样

（1）简述石磨模型底座的结构及作用。

（2）简述中心突起圆柱的作用，及 $\phi12$ mm 极限负公差的意义。

（3）简述尺寸 25 ± 0.03 mm 与 $\phi100$ mm 尺寸控制有无存在关系，如何更好地控制。

（4）出浆口是平面设计，合理吗？有否更合理的设计？

4. 分析零件4——石磨模型转盘图样（图6-1-6）

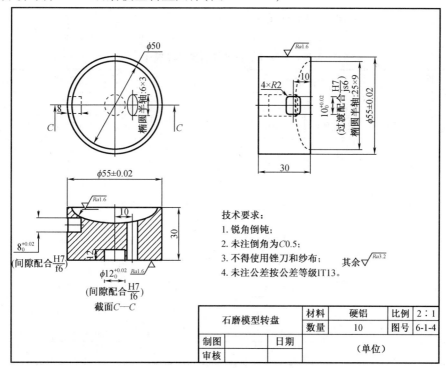

图6-1-6　石磨模型转盘

（1）简述石磨模型转盘的结构及作用。

（2）简述中心内凹内孔 $\phi12$ mm 的作用，及尺寸公差 $\phi12_0^{+0.021}$ mm 的意义。

（3）简述 10 mm×8 mm 圆角方孔尺寸公差的意义。

（4）内凹大椭圆长轴 25 mm，短轴 9 mm 使用什么方法进行加工？小椭圆长轴 6 mm，短轴 3 mm 又能用什么方法进行加工？

三、阅读工艺卡

1. 识读零件 1——石磨模型推杆工艺卡（表 6-1-2）

表 6-1-2　石磨模型推杆工艺卡

单位名称		产品名称		石磨模型			图号		6-1-3
		零件名称		推杆		数量	10		第 1 页
材料种类	硬铝	材料牌号	4A01	毛坯尺寸		12 mm×12 mm×32 mm 铝条			共 1 页
工序号	工序内容	车间	设备	工具			计划工时 /min	实际工时 /min	
				夹具	量具	刃具			
01	下料 12 mm× 12 mm×32 mm	准备车间	锯床	平口钳	钢直尺	锯条	20		
02	铣削外形	铣	数铣	平口钳	游标卡尺	铣刀	100		
03	倒 R_2 圆角	铣	数铣	平口钳	R 规	R 倒角刀	60		
04	铣 $\phi5$ 平底儿	铣	数铣	平口钳	游标卡尺	$\phi4$ 铣刀	60		
更改号			拟定		校正		审核		批准
更改者									
日期									

(1)结合工艺卡及自身认识,分析此零件适合采用什么设备加工,并列出加工所需的刃具。

(2)根据加工要求,说明加工过程中使用了什么辅助夹具,为什么?

(3)根据图样与工艺分析,在表6-1-3中列出加工石磨推杆所使用的刃具,夹具及量具的名称、型号规格和用途。

表6-1-3 加工石磨推杆刃具、夹具及量具

类别	名称	型号规格	用途
刃具			
夹具			
量具			

2. 识读零件2——手柄工艺卡(表6-1-4)

表6-1-4　手柄工艺卡

单位名称		产品名称		石磨模型		图号		6-1-4
		零件名称		手柄	数量	10		第1页
材料种类	硬铝	材料牌号	4A01	毛坯尺寸		$\phi12$ mm×48 mm 铝条		共1页
工序号	工序内容	车间	设备	工具			计划工时 /min	实际工时 /min
				夹具	量具	刃具		
01	下料 $\phi12$ mm ×48 mm	准备车间	锯床	平口钳	钢直尺	锯条	10	
02	车一端 $\phi9$ mm	车	数控车床	三爪自定心卡盘	带表游标卡尺	外圆车刀	30	
03	车另一端 $\phi5$ mm	车	数控车床	三爪自定心卡盘	带表游标卡尺	外圆车刀 百分表	60	
04								
更改号			拟定		校正	审核		批准
更改者								
日期								

(1)结合工艺卡及自身认识,分析此零件适合采用什么设备加工,并列出加工所需的刃具。

(2)根据加工要求,说明加工过程中使用了什么辅助夹具,为什么?

(3)根据图样与工艺分析,在表6-1-5中列出加工石磨手柄所使用的刃具,夹具及量具的名称、型号规格和用途。

表6-1-5 加工石磨手柄刃具、夹具及量具

类别	名称	型号规格	用途
刃具			
夹具			
量具			

3. 识读零件3——石磨模型底座工艺卡(表6-1-6)

表6-1-6 石磨模型底座工艺卡

单位名称		产品名称		石磨模型		图号		6-1-5
		零件名称		底座	数量	10		第1页
材料种类	硬铝	材料牌号	4A01	毛坯尺寸		140 mm×110 mm×30 mm 铝块		共1页
工序号	工序内容	车间	设备	工具			计划工时 /min	实际工时 /min
				夹具	量具	刃具		
01	下料140 mm× 110 mm×30 mm	准备车间	锯床	平口钳	钢直尺	锯条	60	
02	铣底面及 工艺安装位	铣	数控铣床	平口钳	游标卡尺, 百分表	φ16 mm 平铣刀	30	
03	另一面铣 外形及凹腔	铣	数控铣床	平口钳	千分尺, 百分表	φ4 mm 平铣刀	50	
04	翻转,铣掉 工艺安装位		数控铣床	平口钳	游标卡尺, 百分表	φ16 mm 平铣刀	20	
更改号			拟定		校正		审核	批准
更改者								
日期								

（1）结合工艺卡及自身认识，分析此零件适合采用什么设备加工，并列出加工所需的刃具。

（2）根据加工要求，说明加工过程中使用了什么辅助夹具，为什么？

（3）根据图样与工艺分析，在表6-1-7中列出加工石磨底座所使用的刃具、夹具及量具的名称、型号规格和用途。

表6-1-7　加工石磨底座刃具、夹具及量具

类别	名称	型号规格	用途
刃具			
夹具			
量具			

4. 识读零件4——石磨模型转盘工艺卡(表6-1-8)

表6-1-8 石磨模型转盘工艺卡

单位名称		产品名称		石磨模型			图号		6-1-6
		零件名称		转盘		数量	10		第1页
材料种类	硬铝	材料牌号	4A01	毛坯尺寸		$\phi 60$ mm×500 mm 铝条			共1页
工序号	工序内容	车间	设备	工具			计划工时 /min		实际工时 /min
				夹具	量具	刃具			
01	下料 60 mm×500 mm	准备车间	锯床	平口钳	钢直尺		30		
02	外形粗、精加工、切断	车	车	三爪卡盘	游标卡尺等	车刀	60		
03	粗加工椭圆凹腔	第四车间	数铣	平口钳、V型块	游标卡尺 百分表	$\phi 12$ mm 铣刀	60		
04	精加工加工椭圆凹腔	第四车间	数铣	平口钳、V型块	游标卡尺 百分表	$R4$ mm 球刀	40		
05	预钻$\phi 4.6$ mm的孔,加工椭圆通孔	第四车间	数铣	平口钳、V型块	游标卡尺	$\phi 4.6$ mm 铣刀 $\phi 4$ mm 钻头	40		
06	加工长轴12; 短轴6的椭圆通孔	第四车间	数铣	平口钳、V型块	游标卡尺	$\phi 5.8$ mm 铣刀	40		
07	180°翻转, 加工$\phi 12$盲孔	第四车间	数铣	平口钳、V型块	游标卡尺 百分表	$\phi 5.8$ mm 铣刀	60		
08	90°翻转, 加工方孔	第四车间	数铣	平口钳	游标卡尺 百分表	$\phi 4$ mm 铣刀	60		
更改号			拟定		校正		审核		批准
更改者									
日期									

(1)结合工艺卡及自身认识,分析此零件适合采用什么设备加工,并列出加工所需的刃具。

（2）根据加工要求，说明加工过程中使用了什么辅助夹具，为什么？

（3）根据图样与工艺分析，在表6-1-9中列出加工石磨模型转盘所使用的刃具，夹具及量具的名称、型号规格和用途。

表6-1-9　加工石磨模型转盘刃具、夹具及量具

类别	名称	型号规格	用途
刃具			
夹具			
量具			

四、制定工作进度计划

本生产任务工期为 15 天,依据任务要求,制定合理的工作进度计划,并根据小组成员的特点进行分工。工作进度安排及分工表如表 6 − 1 − 10 所示。

表 6 − 1 − 10　工作进度安排及分工

序号	工作内容	时间	成员	负责人

工学活动二 石磨加工工序编制

学习目标

1. 能分析零件图纸确定石磨零件在数控铣床或者在数控车床上的加工步骤；

2. 能依据加工步骤，结合车间设备实际，查阅切削手册，正确、规范制定零件的铣削或车削加工工序卡。

建议学时

10 学时。

学习过程

一、制定零件1——石磨模型推杆铣削加工工序卡

（1）在表6－2－1中，结合推杆铣削加工步骤和图例填写操作内容。

表6－2－1 石磨推杆铣削加工步骤

序号	操作步骤	加工内容	主要夹、量、刃具
1			
2			
3			
4			
5			

（2）根据石磨推杆工艺卡工序号和加工步骤,制定零件铣削加工工序卡（表6－2－2）,并把零件加工完成图样绘制到工序卡的空白处。（注:数控加工时,填上G代码程序）

表6－2－2　石磨推力杆加工工序卡

推杆 工序卡	产品型号		零件图号		6－1－3		共1页		第1页
	产品名称	石磨模型	零件名称		推杆				

车间		工序号		工序名称		材料牌号	
毛坯种类		毛坯外形尺寸		每毛坯可制件数		每台件数	
设备名称		设备型号		设备编号		同时加工件数	
夹具编号			夹具名称			切削液	
工位器具编号		工位器具名称		工序工时/min			
				准终		单件	

工步号	工步内容	工艺装备	主轴转速 /(r·min⁻¹)	切削速度 /(m·min⁻¹)	进给量 /(mm·r⁻¹)	切削深度 /mm	进给次数	工步工时/s	
								机动	辅助

	设计（日期）	校对（日期）	审核（日期）	标准化（日期）	会签（日期）

（3）填写加工程序数控 G 代码（表 6 - 2 - 3）。

表 6 - 2 - 3　加工程序数控 G 代码

程序号	程序说明
O0001	

二、制定零件2——手柄加工工序卡

（1）在表6-2-4中,结合手柄加工步骤和图例填写操作内容。

表6-2-4　手柄车削加工步骤

序号	操作步骤	加工内容	主要夹、量、刃具
1			
2			
3			
4			
5			

（2）根据手柄工艺卡工序号和加工步骤,制定手柄零件车削加工工序卡(表6－2－5),并把手柄完成图样绘制到工序卡的空白处。(注:数控加工时,填上G代码程序)

表6－2－5　手柄加工工序卡

手柄工序卡片	产品型号		零件图号	6－1－4	共1页	第1页
	产品名称	石磨模型	零件名称	手柄		

车间	工序号	工序名称	材料牌号
毛坯种类	毛坯外形尺寸	每毛坯可制件数	每台件数
设备名称	设备型号	设备编号	同时加工件数
夹具编号		夹具名称	切削液

工位器具编号	工位器具名称	工序工时/min	
		准终	单件

工步号	工步内容	工艺装备	主轴转速 /(r·min⁻¹)	切削速度 /(m·min⁻¹)	进给量 /(mm·r⁻¹)	切削深度 /mm	进给次数	工步工时/s	
								机动	辅助

设计(日期)	校对(日期)	审核(日期)	标准化(日期)	会签(日期)

(3)填写加工程序数控 G 代码(表 6 – 2 – 6)。

表 6 – 2 – 6 加工程序数控 G 代码

程序号	程序说明
00001	

三、制定零件3——石磨模型底座加工工序卡

（1）在表6－2－7中，结合石磨模型底座加工步骤和图例填写操作内容。

表6－2－7　石磨底座铣削加工步骤

序号	操作步骤	加工内容	主要夹、量、刃具
1			
2			
3			
4			
5			

（2）根据石磨底座工艺卡工序号和加工步骤,制定零件铣削加工工序卡(表6-2-8),并把零件加工完成图样绘制到工序卡的空白处。(注:数控加工时,填上G代码程序)

表6-2-8 石磨底座加工工序卡

石磨底座工序卡	产品型号		零件图号	6-1-5	共1页	第1页
	产品名称	石磨模型	零件名称	底座		

	车间	工序号	工序名称	材料牌号	
	毛坯种类	毛坯外形尺寸	每毛坯可制件数	每台件数	
	设备名称	设备型号	设备编号	同时加工件数	
	夹具编号		夹具名称	切削液	
	工位器具编号	工位器具名称	工序工时/min		
			准终	单件	

工步号	工步内容	工艺装备	主轴转速 /(r·min-1)	切削速度 /(m·min⁻¹)	进给量 /(mm·r⁻¹)	切削深度 /mm	进给次数	工步工时/s	
								机动	辅助

	设计(日期)	校对(日期)	审核(日期)	标准化(日期)	会签(日期)

（3）填写加工程序数控 G 代码（表 6 - 2 - 9）。

表 6 - 2 - 9　加工程序数控 G 代码

程序号	程序说明
00001	

四、制定零件4——石磨模型转盘车削加工工序卡

（1）在表6-2-10中，结合石磨模型转盘加工步骤和图例填写操作内容。

表6-2-10 石磨模型转盘车削加工步骤

序号	操作步骤	加工内容	主要夹、量、刃具
1			
2			
3			
4			
5			

（2）根据石磨转盘工艺卡工序号和加工步骤，制定石磨转盘零件车削加工工序卡（表6-2-11），并把石磨转盘完成图样绘制到工序卡的空白处。（注：数控加工时，填上 G 代码程序）

表6-2-11 石磨模型转盘加工工序卡

石磨转盘工序卡		产品型号		零件图号		6-1-6		共1页	第1页
		产品名称	石磨模型	零件名称		转盘			
	车间		工序号		工序名称		材料牌号		
	毛坯种类		毛坯外形尺寸		每毛坯可制件数		每台件数		
	设备名称		设备型号		设备编号		同时加工件数		
	夹具编号			夹具名称		切削液			
	工位器具编号		工位器具名称		工序工时/min				
					准终		单件		
工步号	工步内容	工艺装备	主轴转速 /(r·min⁻¹)	切削速度 /(m·min⁻¹)	进给量 /(mm·r⁻¹)	切削深度 /mm	进给次数	工步工时/s	
								机动	辅助
	设计（日期）		校对（日期）		审核（日期）		标准化（日期）		会签（日期）

（3）填写加工程序数控 G 代码（表 6 - 2 - 12）。

表 6 - 2 - 12　加工程序 G 代码

程序号	程序说明
00001	

工学活动三 石磨模型加工

学习目标

1. 能按照零件图纸要求正确领取材料。

2. 能依据加工需要正确领取量具、刀具、夹具等。

3. 能严格遵守各机械设备的安全使用规范,并遵守车间 6S 管理要求。

4. 掌握在砂轮房刃磨所需要刀(刃)具技巧。

5. 加工中能爱护所使用的各种设备,量具、夹具等;正确处置废油液等废弃物;规范地交接班和保养机床设备。

建议学时

30 学时。

准备过程

一、填写领料单(表 6 – 3 – 1)并领取材料

表 6 – 3 – 1 领料单

领料班级			产品名称及数量		
领料时间			经手人		
材料名称	材料规格及型号	组号	数量		单价	总价
			请领	实发		
材料用途说明	材料仓库	主管	发料数量	领料班级	组长	领料数量

二、汇总量具、刀具、夹具清单(表 6 – 3 – 2)并领取量具、刀具、夹具

表 6 – 3 – 2 工具、量具、刀具、夹具清单

序号	名称	型号规格	数量	需领用数量
1				
2				
3				
4				
5				
6				
7				

表 6 - 3 - 2(续)

序号	名称	型号规格	数量	需领用数量
8				
9				
10				
11				
12				
13				
14				

三、刃磨刃具

能根据石磨模型零件加工需要,合理刃磨各种车刀(外圆、内孔、螺纹、切断等),绘出车刀的几何形状及角度,并叙述内孔车刀与外圆车刀的差异。

四、完成石磨模型推力杆零件加工和质量检测

1. 石磨模型推杆的加工

(1)按照加工工序卡和表 6 - 3 - 3 中的操作加工过程提示,在实训车间完成石磨推力杆的铣削加工。

表 6 - 3 - 3 推杆铣削操作过程

操作步骤	操作要点
①加工前准备工作	a. 安全操作规程,加工零件前检查各电气设备的手柄、传动部件、防护、限位装置是否齐全可靠、灵活,然后完成机床润滑、预热等准备工作。 b. 根据车间要求,合理放置毛坯料、刃具、量具、图样、工序卡等
②铣削加工	a. 合理安装刃具。 b. 合理装夹毛坯料。 c. 根据推杆铣削加工工序卡,规范操作铣床铣削推杆达到图样的要求,及时合理地做好在线加工检测工作。 d. 根据检测表,合理检测铣削完成的石磨推杆

表6-3-3(续)

操作步骤	操作要点
③加工后整理工作	加工完毕后,正确放置零件,并进行产品交接确认,按照相关规定和车间6S管理要求,整理现场,正确放置废切削液等废弃物;按车间规定填写设备使用记录

(2)记录加工过程中出现的问题,并写出改进措施。

(3)对加工完成的石磨推杆零件进行质量检测,并把检测结果填入表6-3-4中。

表6-3-4 质量检测表

序号	检测项目	检测内容	配分	检测要求	学生自评		组间互评		教师评价	
					自测	得分	检测	得分	检测	得分
1	外形/mm	$10^{-0.03}_{-0.08}$	10	超差0.01扣5分						
2		$8^{-0.03}_{-0.08}$	10	超差0.01扣5分						
3		30 ± 0.03	10	超差0.01扣5分						
4	孔距/mm	26 ± 0.03	10	超差0.01扣5分						
5	孔/mm	$\phi 5$	10	一个孔不合格扣2分						
6	倒圆角	$R2$	10	一处不合格扣2分						
7	表面粗糙度	$Ra3.2$	8	降一级扣4分						
8	时间/min	45	8	未按时完成全扣						
9	现场操作规范	遵守设备操作规程	8	违反操作规程按程度扣分						
10		正确使用工量具	8	工量具使用错误,每项扣2分						
11		合理养护设备	8	违反维护保养规程,每项扣2分						
合计(总分)			100	机床编号				总得分		
开始时间				结束时间				加工时间		

(4)填写加工程序数控 G 代码(表 6 - 3 - 5)(对应数控系统型号)。

表 6 - 3 - 5　加工程序数控 G 代码

程序号	程序说明
O0001	

2.石磨模型手柄的加工

（1）按照加工工序卡和表6-3-6中的操作加工过程提示，在实训车间完成石磨模型手柄的加工。

表6-3-6　石磨模型手柄加工操作过程

操作步骤	操作要点
①加工前准备工作	a.安全操作规程，加工零件前检查各电气设备的手柄、传动部件、防护、限位装置是否齐全可靠、灵活，然后完成机床润滑、预热等准备工作。 b.根据车间要求，合理放置毛坯料、刃具、量具、图样、工序卡等
②车削加工	a.合理安装刃具。 b.合理装夹毛坯料。 c.根据手柄铣削加工工序卡，规范操作数控车床车削手柄达到图样的要求，及时合理地做在线加工检测工作。 d.根据检测表，合理检测车削完成的手柄
③加工后整理工作	加工完毕后，正确放置零件，并进行产品交接确认，按照相关规定和车间6S管理要求，整理现场，正确放置废切削液等废弃物；按车间规定填写设备使用记录

（2）记录加工过程中出现的问题，并写出改进措施。

（3）对加工完成的手柄零件进行质量检测，并把检测结果填入表6-3-7中。

表6-3-7　质量检测表

序号	检测项目	检测内容	配分	检测要求	学生自评		组间互评		教师评价	
					自测	得分	检测	得分	检测	得分
1	外形/mm	$\phi 5^{-0.03}_{-0.06}$	20	超差0.01扣5分						
2		$\phi 9 \pm 0.03$	20	超差0.01扣5分						
3	长度/mm	46 ± 0.03	20	超差0.01扣5分						
4	倒角	C1	5	一处不合格扣2分						
5	锥度	170°	10	角度超差0.1°扣5分						
6	表面粗糙度	$Ra3.2$	5	降一级扣2分						
7	时间/min	30	5	未按时完成全扣						

表 6 - 3 - 7(续)

序号	检测项目	检测内容	配分	检测要求	学生自评		组间互评		教师评价	
					自测	得分	检测	得分	检测	得分
8	现场操作规范	遵守设备操作规程	5	违反操作规程按程度扣分						
9		正确使用工量具	5	工量具使用错误,每项扣2分						
10		合理养护设备	5	违反维护保养规程,每项扣2分						
合计(总分)			100	机床编号			总得分			
开始时间				结束时间			加工时间			

(4)填写加工程序数控 G 代码(表 6 - 3 - 8)(对应数控系统型号)。

表 6 - 3 - 8　加工程序数控 G 代码

程序号	程序说明
00001	
	(可另附纸)

3. 石磨模型底座的加工

(1)按照加工工序卡和表6-3-9中的操作加工过程提示,在实训车间完成石磨模型底座的铣削加工。

表6-3-9 石磨模型底座铣削操作过程

操作步骤	操作要点
①加工前准备工作	a. 安全操作规程,加工零件前检查各电气设备的手柄、传动部件、防护、限位装置是否齐全可靠、灵活,然后完成机床润滑、预热等准备工作。 b. 根据车间要求,合理放置毛坯料、刃具、量具、图样、工序卡等
②铣削加工	a. 合理安装刃具。 b. 合理装夹毛坯料。 c. 根据底座铣削加工工序卡,规范操作铣床铣削底座达到图样的要求,及时合理地做好在线加工检测工作。 d. 根据检测表,合理检测铣削完成的底座
③加工后整理工作	加工完毕后,正确放置零件,并进行产品交接确认,按照相关规定和车间6S管理要求,整理现场,正确放置废切削液等废弃物;按车间规定填写设备使用记录

(2)记录加工过程中出现的问题,并写出改进措施。

(3)对加工完成的石磨底座零件进行质量检测,并把检测结果填入表6-3-10中。

表6-3-10 质量检测表

序号	检测项目	检测内容	配分	检测要求	学生自评		组间互评		教师评价	
					自测	得分	检测	得分	检测	得分
1	外形/mm	$\phi 100^{+0.03}_{-0.01}$	10	超差0.01扣5分						
2		127 ± 0.02	10	超差0.01扣5分						
3		$\phi 12^{-0.03}_{-0.07}$	10	超差0.01扣5分						
4		8 ± 0.03	10	超差0.01扣5分						
5		25 ± 0.03	10	超差0.01扣5分						
6	高度/mm	22	5	超差0.01扣5分						
7	倒角	人工检查无锐边	5	锐角倒钝						
8	锥度/(°)	14	10	角度超差0.1°扣5分						
9	表面粗糙度	$Ra3.2$	10	降一级扣2分						

表 6 - 3 - 10(续)

序号	检测项目	检测内容	配分	检测要求	学生自评		组间互评		教师评价	
					自测	得分	检测	得分	检测	得分
10	时间/min	60	5	未按时完成全扣						
11	现场操作规范	遵守设备操作规程	5	违反操作规程按程度扣分						
12		正确使用工量具	5	工量具使用错误,每项扣2分						
13		合理养护设备	5	违反维护保养规程,每项扣2分						
合计(总分)			100	机床编号			总得分			
开始时间				结束时间			加工时间			

(4)填写加工程序数控 G 代码(表 6 - 3 - 11)(对应数控系统型号)。

表 6 - 3 - 11　加工程序数控 G 代码

程序号	程序说明
00001	

4.石磨模型转盘的加工

（1）按照加工工序卡和表6-3-12操作加工过程提示，在实训车间完成石磨模型转盘的车削加工。

表6-3-12 石磨模型转盘车削操作过程

操作步骤	操作要点
①加工前准备工作	a.安全操作规程，加工零件前检查各电气设备的手柄、传动部件、防护、限位装置是否齐全可靠、灵活，然后完成机床润滑、预热等准备工作。 b.根据车间要求，合理放置毛坯料、刃具、量具、图样、工序卡等
②车削加工	a.合理安装刃具。 b.合理装夹毛坯料。 c.根据转盘车削加工工序卡，规范操作车床车削转盘达到图样的要求，及时合理地做好在线加工检测工作。 d.根据检测表，合理检测车削完成的石磨模型转盘
③加工后整理工作	加工完毕后，正确放置零件，并进行产品交接确认，按照相关规定和车间6S管理要求，整理现场，正确放置废切削液等废弃物；按车间规定填写设备使用记录

（1）记录加工过程中出现的问题，并写出改进措施。

（2）对加工完成的石磨转盘零件进行质量检测，并把检测结果填入表6-3-13中。

表6-3-13 质量检测表

序号	检测项目	检测内容	配分	检测要求	学生自评		组间互评		教师评价	
					自测	得分	检测	得分	检测	得分
1	外形/mm	$\phi 55 \pm 0.03$	10	超差0.01扣5分						
2		$\phi 12^{+0.06}_{+0.03}$	10	超差0.01扣5分						
3		$10^{+0.05}_{+0.02}$	10	超差0.01扣5分						
4		$8^{+0.05}_{+0.02}$	10	超差0.01扣5分						
5	孔深/mm	方孔深8	5	超差0.01扣2分						
6		圆孔深6	5	超差0.01扣2分						
7	高度/mm	30	5	超差0.01扣5分						
8	倒角	人工检查无锐边	5	锐角倒钝						
9	椭圆	形位及表面质量	10	形状、尺寸不超差						

表 6 - 3 - 13（续）

序号	检测项目	检测内容	配分	检测要求	学生自评		组间互评		教师评价	
					自测	得分	检测	得分	检测	得分
10	表面粗糙度	$Ra3.2$	10	降一级扣2分						
11	时间/min	60	5	未按时完成全扣						
12	现场操作规范	遵守设备操作规程	5	违反操作规程按程度扣分						
13		正确使用工量具	5	工量具使用错误,每项扣2分						
14		合理养护设备	5	违反维护保养规程,每项扣2分						
合计(总分)			100	机床编号				总得分		
开始时间				结束时间				加工时间		

（3）填写加工程序数控 G 代码（表 6 - 3 - 14）（对应数控系统型号）。

表 6 - 3 - 14　加工程序数控 G 代码

程序号	程序说明
00001	

五、设备使用记录表及日常保养记录表

填写设备使用记录表（表6-3-15）和设备日常维护与保养记录表（表6-3-16）。

表6-3-15   设备使用记录表

仪器名称			型号	
生产厂家			管理人	
使用日期	时间	设备状态	使用人	备注
				（根据需要增加）

表 6 – 3 – 16　设备日常维护与保养记录表

年　　　月　　　部门：　　　　　机器名称：

周数	项目	日期					保养人	每月情况	备注
		1	2	3	4	5			
一	电源								
	清洁								
	防锈润滑								
二	电源								
	清洁								
	防锈润滑								
三	电源								
	清洁								
	防锈润滑								
四	电源								
	清洁								
	防锈润滑								
五	电源								
	清洁								
	防锈润滑								

注："×"表示不合格；"⊗"表示合格；"○"表示维修合格。

工学活动四　石磨模型装配及误差分析

学习目标

1. 能组装石磨模型；

2. 能正确地检测石磨模型的整体尺寸及精度质量；

3. 能根据石磨模型检测结果，分析误差产生原因，并提出改进措施。

建议学时

4 学时。

学习过程

四、检测石磨模型质量

根据表 6-4-1 中的内容检测石磨模型的质量。

表 6-4-1　质量检测表

序号	检测内容	检测方法	检测结果	结论
1	表面质量			
2	工件整洁			
3	配合精度			
4	形状精度			
5	尺寸精度			

注:石磨模型为艺术品,购买者注重表面质量、工件整洁、配合精度等;尺寸精度为专业技术要求。

五、误差分析

根据检测结果进行误差分析,将分析结果填入表 6-4-2 中。

表 6-4-2　误差分析表

测量内容		零件名称	
测量工具与仪器		测量人员	
班级		日期	
测量目的			
测量步骤			
测量要领			

六、结论

将检测结果分析结论填入表 6 - 4 - 3 中。

表 6 - 4 - 3　检测结论分析表

质量问题	产生原因	改进措施
外形尺寸误差		
形位误差		
表面粗糙度误差		
其他误差		

工学活动五　工作总结与评价

学习目标

1. 根据分组及任务完成情况,选派代表展示作品,并说明本次任务完成的情况,做分析总结;

2. 各小组成员能根据自身任务完成过程撰写工作总结;

3. 能就任务完成中出现的各种问题提出改进措施;

4. 能对学习与工作进行总结反思,并能与他人开展良好合作和沟通。

建议学时

2 学时。

学习过程

二、展示与评价

把制作好的石磨模型先进行分组展示,再由小组推荐的代表进行必要的介绍,在此过程中,以组为单位进行评价;评价完成后,根据其他组成员对本组展示成果的情况进行归纳总结。

完成如下项目(在相应的括号中打钩"√")。

(1)展示的石磨模型符合标准吗?

合格(   )   不良(   )   返修(   )   废品(   )

(2)你认为与其他组对比,本小组的石磨模型加工工艺如何?

工艺优化(   )   工艺合理(   )   工艺一般(   )

(3)本小组介绍成果表达是否清晰?

很好(   )   一般,需补充(   )   不清晰(   )

(4)本小组演示石磨模型检测方法操作正确吗?

正确(   )   部分正确(   )   不正确(   )

(5)本小组演示操作时遵循6S管理的工作要求了吗?

符合工作要求(   )   忽略了部分要求(   )   完全没有遵循(   )

(6)本小组成员的团队创新精神如何?

良好(   )   一般(   )   不足(   )

二、自评总结(心得体会)

三、教师评价

(1)找出各组的优点点评。

(2)对任务完成过程中各组的缺点进行点评,提出改进方法。

(3)对整个任务完成过程中出现的亮点和不足进行点评。

四、评价表

该课程的评价考核改变单一的终结性评价的方法,采用教学过程考核与工作质量考核相结合的方法。其中,教学过程考核和工作质量考核两部分的比例为6∶4。灵活多变的考核方式可以全面考核学生的学习效果。课程考核方式见表6-5-1及各个零件测评的"质量检测表"。

表6-5-1　工学任务评价表(小组)

班组＿＿＿＿＿＿　　　　组别＿＿＿＿＿＿

项目	自我评价			小组评价			教师评价		
	8~10	5~7	1~4	8~10	5~7	1~4	8~10	5~7	1~4
	占总评分10%			占总评分30%			占总评分60%		
工学活动一									
工学活动二									
工学活动三									
工学活动四									
工学活动五									
协作精神									
纪律观念									
表达能力									
工作态度									
拓展能力									
小计									

注:学生个人总评分 = 小组总评分×60% + 质量检测表平均分×40%。

参 考 文 献

［1］　人力资源和社会保障部教材办公室.组合件加工与装配(车工/数控加工)［M］.北京：中国劳动社会保障出版社,2014.

［2］　冯穗心.机械零件数控铣削加工工作页［M］.北京:高等教育出版社,2011.